最新实用奶牛饲养与疾病防治丛书

奶牛围产期疾病防治

温集成　温鸿仲　编著

内蒙古出版集团
内蒙古人民出版社

图书在版编目(CIP)数据

奶牛围产期疾病防治 / 温集成, 温鸿仲编著. -- 呼和浩特 : 内蒙古人民出版社, 2014.11

(最新实用奶牛饲养与疾病防治丛书)

ISBN 978-7-204-13248-5

Ⅰ. ①奶… Ⅱ. ①温… ②温… Ⅲ. ①乳牛 – 围产期 – 牛病 – 防治 Ⅳ. ①S858.23

中国版本图书馆 CIP 数据核字(2014)第 283216 号

奶牛围产期疾病防治

作　　者	温集成　温鸿仲
责任编辑	王世喜
责任校对	李向东
装帧设计	朔羽文化
出版发行	内蒙古出版集团　内蒙古人民出版社
地　　址	呼和浩特市新城区中山东路 8 号波士名人国际 B 座
印　　刷	内蒙古爱信达教育印务有限责任公司
开　　本	880×1230　1/32
印　　张	7
字　　数	180 千
版　　次	2015 年 1 月第一版
印　　次	2015 年 1 月第 1 次印刷
印　　数	1–5000 册
标准书号	ISBN978-7-204-13248-5/S·224
定　　价	22.00 元

联系电话:(0471)3946230　3946120

网址:http://www.nmgrmcbs.com

《最新实用奶牛饲养与疾病防治丛书》

序

改革开放以来,我国养牛业迅速发展,目前已成为世界第四大养牛大国,特别是奶牛养殖业和乳业发生了根本性变化,走上了快速发展的道路。据有关资料记载:2009 年,我国有奶牛 1260.33 万头,产牛奶 3732.6 万吨,世界排名第三位,仅次于美国和印度。但是奶牛单产排名仅为五十八位,沙特阿拉伯第一位,平均每头奶牛一个奶期产奶 14964 千克,美国为 9343 千克,中国为 2834 千克,人均牛奶占有量差距更大,2009 年人均占有奶量 28 千克。由此可以看出,我们要赶上世界养牛先进国家,任重而道远。

同时,随着奶牛养殖业的发展,奶牛疫病控制也正面临新的考验和挑战。不断出现新疫病,不断复发旧疫病,严重危害着畜牧业生产,同时有些人畜共患病也在传播,既影响国际贸易信誉,还危害到人民身体健康,这就要求我们在生产中保护人畜安全,生产无公害安全奶,供应市场。

当前,我国社会主义经济正在进入一个新的发展时期,农牧业中的奶牛业正在向集约化、科学化转型升级。最近国家把食品安全提到重要位置,出台了一系列政策措施。为提高乳和乳制品的质量与公信度，要求实施奶牛标准化饲养和可追溯的标识技术。

为了适应我国奶牛发展的大好形势，我们编著了此套丛书。

本丛书共分六册，内容主要包括：奶牛标准化、无公害饲养管理技术；规模化奶牛养殖场、农民养殖小区的建设与管理；奶牛养殖企业的行政管理、生产管理、技术管理、财务管理；奶牛围产期疾病的防治技术；奶牛流行病、寄生虫病、中毒病、代谢病的防治；奶牛乳房疾病及犊牛常见病防治；奶牛繁殖障碍病的防治及现代化奶牛繁殖技术的应用；奶牛最新常用药物及部分相关的法律法规。

同时，为了适应规模化、规范化办企业的需要，增设了科学建场、科学管理、投资决策、风险控制、产品创新等内容。所以本丛书不仅是奶农的科普读物，也是从事奶牛养殖、投资办场、企业管理和奶牛疾病医疗人员的指导用书。丛书内容广泛，通俗易懂，图文并茂，理论紧密结合实际。

本书按照生态学的观点，阐述现代生态养牛有关现代技术，力争做到内容的先进性、科学性、实用性与可操作性，为生态、高效养牛提供技术支持。

作者

2014 年 10 月

《奶牛围产期疾病防治》

内容简介

奶牛围产期是奶牛产犊前后35天的特殊生产阶段，是奶牛生理代谢、生产功能发生重大变化的时期，所以饲养难度大，疾病控制技术要求高，是奶牛饲养管理、生产经营的关键时期。

奶牛完成妊娠、产犊繁重任务以后，"思想"松懈，免疫力明显下降，最容易发生感染性和非感染性疾病。本书中将围产期疾病分为产前、分娩期和产后疾病三部分。对各种病介绍的繁简程度不同，因其是否多发，是否常见，是否重要而异。

产前疾病重点介绍奶牛妊娠流产和产前乳房水肿。

奶牛流产分为早期流产（指配种受孕后1～2月内）、中期流产（怀孕5～6月间出现流产）、晚期流产（又称早产，一般妊娠8月龄早产胎儿大部分可以存活）。

引发流产的原因很多，一般分为普通流产、传染病流产、寄生虫病流产。流产以预防为主，一旦进入流产程序，治疗难度很大。特别是传染病和寄生虫病流产，更是以预防为重点。尽管难度大，书中还是介绍了多种中西医治疗措施，可根据发病情况采用不同治疗措施，如果措施得当，治疗及时，效果很好。

关于产前乳房浮肿或乳房水肿要区别生理性和病理性，如果是生理性,产犊后会自然消退。产前乳房治疗不是很必要,最好不要用通乳针、乳房内用药。产前乳头是封闭的,捅开会造成污染。

本人曾遇一例产前乳房水肿下垂到乳头离地面不到20厘米,腹围大,乳房大而下垂严重,患牛站立困难,当时以为会发生乳房垮塌,经直肠检查,摸到耻骨前沿的乳房悬韧带没有断裂开,而是绷得很紧。当时肌注强心剂、利尿药,待第二日顺产后,给予强心补液等治疗措施。乳房上升的幅度不大。经检查,该牛为老牛。

书中还详细介绍了产前乳房浮肿的防治措施。

奶牛分娩期疾病主要是难产。本书中详细地介绍了难产的类型、助产的原则,以及截胎术、剖腹产手术等,图文并茂,力求使读者掌握助产的方法。在实际操作时根据具体情况灵活应用,须注意一点,矫正胎位,应推胎儿入腹,产道狭窄,难以矫正。助产不可性急,不可强拉硬拽。

对一般助产手法难以成功的,应积极选用截胎术或剖腹产手术。关于这些手术的术式、程序等都作了详细介绍。此外尚须重视术前预防性用药。

(一)产科手术预防性应用抗生素的目的

预防术后切口感染,以及术后可能发生的全身性感染。

(二)产科手术预防性抗生素应用的基本原则

1. 清洁—污染手术:由于阴道内寄生大量寄生菌群,手术时可能污染术野引致感染,故此类手术需预防性应用抗生素。

2. 污染手术:术前已存在细菌性感染的手术,如盆腔炎、腹膜炎、盆腔浓肿切除手术等属抗生素治疗性应用。

3. 预防性应用抗生素的选择及给药方法:

(1)药物选择:抗生素的选择视预防目的而定。为预防术后切口感染时,应针对金黄色葡萄球菌选用药物,以及对大肠埃希氏杆菌和脆弱拟杆菌有效的抗生素，选用的抗生素必须是疗效肯定、安全、使用方便。价格较低的品种。

(2)给药方法:应符合围产手术期用药的原则。在术前0.5~2小时内给药，使手术切口暴露时局部组织中已有足以杀灭入侵细菌的药物浓度。如手术时间超过3小时可在手术中再次给药。抗生素的有效覆盖时间应包括手术过程和术后4小时，总的预防用药时间为24~48小时。

关于奶牛产后病介绍了13种，但重点是子宫内膜炎。它发病率高，影响面大，后生殖道病可以造成子宫内膜炎，反之，子宫内膜炎可以引发生殖道其他疾病。如久治不愈会造成奶牛不育不孕，被迫淘汰。所以介绍了它的发病原因，发病机制，症状以及多种防治措施。目的是使从业人员选择治疗措施，早日治愈，恢复生产。

子宫内膜炎治疗的关键点:一是防治微生物感染;二是调动机体免疫与子宫康复机制;三是医疗规范化。

一头高产奶牛能否正常发挥其生产能力与围产期饲养管理、科学治疗措施有密切关系。

一头高产奶牛繁殖率应为一年产一犊或三年产两犊;一个泌乳期产奶量应达到7000千克以上。这也是奶牛养殖企业奋斗的第一层目标。为此我们要科学护理围产期奶牛，积极预防，正确治疗奶牛围产期疾病。

目 录

第一章 产科生理及规模化奶牛场疾病诊断 ……………… (1)
第一节 奶牛生殖器官 ………………………………… (2)
第二节 奶牛生殖激素 ………………………………… (3)
第三节 奶牛分娩机制 ………………………………… (4)
一、子宫因素 ……………………………………… (4)
二、激素因素 ……………………………………… (5)
三、神经因素 ……………………………………… (6)
四、胎儿因素 ……………………………………… (6)
第四节 奶牛分娩过程 ………………………………… (7)
第五节 奶牛分娩预兆 ……………………………… (11)
一、乳房变化 …………………………………… (11)
二、软产道变化 ………………………………… (11)
三、骨盆韧带变化 ……………………………… (12)
四、精神状态 …………………………………… (12)
第六节 奶牛分娩期 ………………………………… (12)
第七节 奶牛接产注意事项 ………………………… (13)
第八节 围产期奶牛免疫力下降的生理特点 ………… (14)
一、嗜中性粒细胞的免疫作用 …………………… (14)

二、淋巴细胞在奶牛围产期的免疫作用 …………………… (15)
三、淋巴细胞亚群和黏附分子的动态平衡 ………………… (15)
四、如何提高围产期奶牛的免疫力 ………………………… (16)
第九节　奶牛疾病常用治疗方法 ……………………………… (17)
第十节　规模化奶牛场奶牛疾病诊断与检查 ………………… (18)
一、奶牛场医疗设施 ……………………………………… (18)
二、奶牛场病牛临床检查 ………………………………… (20)

第二章　奶牛围产前期常见病防治 ……………………………… (35)
第一节　围产期奶牛胎动不安 ………………………………… (35)
第二节　围产期奶牛胎儿死亡 ………………………………… (38)
第三节　奶牛流产 ……………………………………………… (39)
第四节　传染性疾病所致奶牛流产 …………………………… (47)
一、新孢子虫病引发流产 ………………………………… (47)
二、莱姆病引发奶牛流产 ………………………………… (49)
三、布氏杆菌病引发流产 ………………………………… (53)
四、弧菌病流产 …………………………………………… (59)
五、奶牛流行热流产 ……………………………………… (62)
六、奶牛衣原体病流产 …………………………………… (62)
七、弓形体病流产 ………………………………………… (63)
第五节　奶牛妊娠浮肿及乳房水肿 …………………………… (67)
第六节　产前子宫扭转 ………………………………………… (71)
第七节　围产期奶牛胎水过多(子宫积水) …………………… (72)
第八节　围产期奶牛阴道脱及子宫脱 ………………………… (76)
第九节　奶牛前庭大腺囊肿,奶牛淋巴外渗 ………………… (81)
第十节　奶牛妊娠毒血症 ……………………………………… (81)

第三章　奶牛分娩期疾病及难产的诊治 …………………… (85)
第一节　常见难产的分类及治疗 ………………………… (85)
一、产力性难产 ………………………………………… (85)
二、产道性难产 ………………………………………… (87)
三、胎儿性难产 ………………………………………… (92)
第二节　奶牛难产的检查 ……………………………… (92)
第三节　奶牛难产的助产原则、程序、方法 …………… (95)
一、术前准备 …………………………………………… (95)
二、助产的基本原则 …………………………………… (96)
三、手术助产的基本方法 ……………………………… (97)
第四节　常见难产与助产 ……………………………… (104)
第五节　截胎术 ………………………………………… (111)
第六节　难产奶牛剖腹产手术 ………………………… (113)
第七节　奶牛产后监护 ………………………………… (115)
第八节　奶牛难产助产图示 …………………………… (116)

第四章　奶牛围产期产后疾病防治 …………………… (139)
第一节　奶牛产后创伤 ………………………………… (139)
一、阴道及阴门损伤 …………………………………… (140)
二、子宫颈损伤症状 …………………………………… (140)
三、子宫破裂 …………………………………………… (140)
四、治疗 ………………………………………………… (142)
第二节　奶牛产后败血症(产褥热) …………………… (143)
第三节　奶牛产后子宫出血 …………………………… (150)
第四节　奶牛产后胎衣不下 …………………………… (155)

第五节　奶牛子宫内膜炎,附子宫肌炎治疗 …………… (166)
第六节　奶牛产后子宫复旧不全 …………………… (182)
第七节　奶牛产后子宫外膜炎 ……………………… (185)
第八节　奶牛子宫脓肿和子宫粘连 ………………… (189)
第九节　奶牛产后子宫积脓 ………………………… (190)
第十节　子宫颈疾病 ………………………………… (191)
第十一节　奶牛阴道炎 ……………………………… (192)
第十二节　奶牛阴道炎传染性病因 ………………… (194)
第十三节　奶牛产后血红蛋白尿 …………………… (199)
第十四节　奶牛阴道和外阴肿瘤 …………………… (201)

后记 ………………………………………………… (203)
主要参考书目 ……………………………………… (205)

第一章　产科生理及规模化奶牛场疾病诊断

关于奶牛产科生理这里只简单介绍母畜生殖器官的解剖、生殖激素、发情及配种;受精、怀孕、分娩等奶牛繁殖生理的过程及规律,是防治产科疾病的重要基础知识。

近年来,由于试验条件和检测技术的现代化、高科技化,内分泌学、生理生化学、组织胚胎学、遗传学、营养学和繁殖技术都取得了新成就、新发展,产科生理的内容也得到前所未有的充实和提高。

奶牛围产期疾病,根据它们发生的时期不同,分为围产前期疾病、分娩期疾病及围产后期疾病三个类型。下面在不同章节中分别予以详细介绍。

奶牛围产期疾病,发病率高,造成的经济损失大,我们必须重视,尤其规模化奶牛场应对奶牛围产期疾病加强监控,采取积极有效的预防措施,减少围产期疾病的发生,减少因围产期疾病造成的损失。

无病要防,有病要治。治病的第一步是建立正确的诊断,诊断正确与否是治疗能否成功的一个基础条件,所以无论是农民养殖户还是规模奶牛场都要对奶牛疾病进行有效监控;发现病畜积极诊断与治疗。

由于在农村和奶牛场基本不养种用公牛,因而在此不介绍公牛的生殖生理。

第一节　奶牛生殖器官

1. 卵巢:中等一般长 2 ~ 3 厘米,宽 1 ~ 2.5 厘米,厚 1 ~ 1.5 厘米,位于耻骨前缘附近。

它的主要功能是产生卵子和性激素。

2. 输卵管:长 20 ~ 30 厘米,管的前端接近卵巢扩大为漏斗,但不与卵巢直接相通,后接子宫角。输卵管是卵子受精和进入子宫的必经通路,它有许多弯曲。

3. 子宫:包括子宫角、子宫体、子宫颈三部分,奶牛子宫角一般长 20 ~ 40 厘米,宫体较短,仅 2 ~ 4 厘米。子宫角及子宫体的黏膜有小丘状的肉阜 80 ~ 140 个,怀孕时发育成母体胎盘,为双子宫角。

子宫的剖解组织构造、形状大小随着生理作用的变化而不同。

子宫是受孕胚胎的发育器官。

宫颈较发达,长 6 ~ 10 厘米,壁硬;直检时易摸到。子宫颈收缩时很紧,怀孕时封闭更紧。发情时也仅开放为一弯曲的细管。

4. 阴道:奶牛阴道长约 22 ~ 28 厘米,是交配器官,也是产道。

5. 尿生殖前庭:是生殖道和尿道共用的由阴瓣到阴门裂的一段短管,长为 8 ~ 10 厘米。

阴唇、阴蒂:阴唇是构成阴门的侧壁。阴蒂位于阴门下角内,由海绵组织构成。

6. 内生殖器官的系膜:母牛内生殖器官的系膜统称为子宫阔韧带,把子宫、卵巢、阴道等悬于腹腔中;同时也是内生殖器官血管、神经的通路。

7. 生殖器官上有丰富的血管、神经、淋巴等。

第二节　奶牛生殖激素

生殖激素:是由特殊的无管腺合成的化学物质借血流送到靶组织靶器官而发挥作用的。

1. 间接影响生殖机能的激素:垂体前叶的生长激素(STH)、促甲状腺素(TSH)、促肾上腺素、皮质激素(ACTH),甲状腺的甲状腺素(T4)、三碘甲状原氨酸(T_2)、甲状旁腺素(PTH),还有胰岛素、肾上腺皮质激素等。

2. 直接影响生殖机能的激素:称为生殖激素。包括丘脑下部的释放激素(RH)、垂体前叶的促性腺激素(GN)及促乳素(Pr)或促黄体分泌素(LTH);垂体后叶的催产素;卵巢、胎盘产生的雌激素;孕酮、松弛素、子宫内膜产生的前列腺素等等。

这些激素来自丘脑下部的释放激素,能够刺激或抑制垂体前叶激素的释放;来自垂体前叶的促卵泡素(FSH)、促黄体素(LH)、促黄体分泌素(LTH)、促乳素(Pr)是促性腺激素,还有来自胎盘的促性腺激素;来自卵巢、胎盘的性腺激素;还有作用广泛的前列腺激素(PGF PGE)。这些激素的作用机制相当复杂,在正常情况下,它们在机体内有条不紊地运作,使机体的生殖机能、性机能、性表现有规律有效地正常进行。但当它们失调时就会产生相对应的疾病。母牛的各种性行为、性表现都是受这些激素的影响控制的。当然还有神经系统及大脑的作用。神经与体液两者的作用是相互协调配合发挥作用的。

第三节　奶牛分娩机制

每一种动物都有相对恒定的怀孕期,奶牛一般是280～285天,低于这个时限称为早产或流产;超过这个时限称之为妊娠延长。不管早产或延长都是病态,不是生理控制范围。正常情况下胎儿会如期成熟,母体将胎儿、胎衣等排出体外、完成一次繁殖过程。个别奶牛超过预产期10天,还能正常分娩,母、仔均健康无病。

分娩启动机制:分娩是一个复杂的生理过程。概括起来讲,是神经因素、体液(内分泌)因素和子宫扩张因素共同作用的结果。

一、子宫因素

子宫在妊娠时是生长与扩张同时进行的。当子宫膨胀达到一定程度时,就成为引起分娩的一个重要的因素。多胎动物妊娠结束时,子宫和它的内容物之间存在非常恒定的关系。产仔数少和多的动物,它的子宫膨胀程度大约相同。牛子宫的肌肉比较发达,而且比较厚,由一个外纵走肌层与两个环状肌层所组成。内环状层在子宫颈部位的厚约6厘米,所以它在怀孕时有充分发展的余地。当然还伴随着子宫细胞的增殖,伸展到一定程度,对于子宫的收缩和启动分娩有一定作用。子宫扩张可促使子宫肌肉对雌激素和催产素的敏感性增强。从而开始一个分娩过程。

二、激素因素

在分娩时子宫必须被激活,停止怀孕期的相对静止状态。这种激活过程一方面是子宫外激素的作用,另一方面如前所述也有子宫肌肉本身主动的作用。

在介绍这些激素之前需先弄清一个问题。我们知道,卵巢、脑垂体、丘脑下部是产生或促进生长各类雌激素的器官,它分泌雌激素、孕酮和促性腺激素;在大多数动物中,胎盘激素来源于由绒毛膜绒毛细胞构成的胎儿滋养层。

1. 催产素。催产素是垂体后叶产生的激素,催产素能使子宫发生强烈阵缩,对分娩起重要作用。在助产时常用催产素,以治疗阵缩、分娩乏力的分娩牛。但在应用催产素时必须确定胎位是否正常。如果胎位不正,子宫颈口狭窄难产时,过早使用催产素会造成胎儿窒息死亡。难产时,过量使用催产素会造成子宫破裂。

怀孕子宫在未到分娩时,对大剂量催产素不发生反应,到分娩时才敏感。这说明催产素的作用受多种因素的刺激或协调。催产素在非分娩状态时很易被酶破坏(顿化)而不发生作用,只是分娩时,而且是在胎儿排出时,催产素释放量达到最高峰,作用也最强;随后又降低。有实验表明,催产素在分娩后 24 小时,外源性催产素不再起作用。

奶牛分娩过程、发生机制是复杂的、互相制约、互相促进、为了一个目的协调而有序的发挥作用,不是某一激素或因素所能完成的。

2. 孕酮。胎盘和黄体(卵巢)产生孕酮。孕酮能够抑制子宫肌肉收缩,对维持奶牛妊娠起着重要作用。在机械刺激、打击等引发流产时,可以注射黄体酮阻止流产的发生。奶牛母体孕酮就是在分娩之前血浓度下降,给催产素发挥作用创造条件。孕酮的下降是由胎儿糖皮质类固醇刺激子宫产生前列腺素的抑制素。孕酮本身的作用也比较复杂，在奶牛发情周期的中间每天注射孕酮50～70毫克，能抑制发情和排卵到停止注射后3～4天，但在发情开始时一次注射10～15毫克孕酮，能促进排卵。

3. 雌激素。牛的主要雌激素是17β－雌二醇、17∂－雌二醇和雌酮。怀孕末期胎盘产生的雌激素逐渐增加，使子宫颈、阴道、外阴及骨盆韧带松软，在分娩之前达到高峰。它在怀孕期间促进子宫的生长、扩展。在分娩时雌激素能增强子宫肌的收缩力，目前应用的雌激素类药有乙烯雌酚等。

4. 前列腺素。它对分娩过程有三种作用：(1)对子宫肌有直接刺激作用；(2)某些前列腺素如F2 ∂有溶黄体作用；(3)刺激垂体后叶释放催产素。这些前列腺素与分娩有密切关系。现在前列腺素已在产科和围产疾病的治疗中应用很广。

5. 腺上皮质激素。它对启动分娩有很大作用。如给牛注射地塞米松很容易引发流产。不管是哪一个怀孕期注射地塞米松都可造成流产。一头奶牛只注射了10毫克就很快(10小时)流产。

前列腺素是否能促进子宫收缩性或提高其张力，研究结果有些矛盾。但它确实可以引起流产。

6. 松弛素。是孕畜卵巢、胎盘及子宫产生的一种水溶性激素。在怀孕末期雌激素含量增高，孕酮含量下降的情况下，松弛素使子宫颈扩张，子宫肌肉收缩，骨盆韧带等组织松弛，利于分娩。

三、神经因素

虽然破坏了子宫的神经，但并不能阻止分娩过程，神经还是起着重要的协调作用的。

四、胎儿因素

胎儿的丘脑下部—垂体—肾上腺轴，对于牛羊启动分娩起着决定性作用。

总之,分娩的启动是多种因素共同协调作用的结果,是机体繁殖过程中一个有机整合各要素的过程,不是简单的某一因素作用的结果。我们分析分娩过程、分娩机制的目的是设法促进生理的分娩程序,按步骤正常完成分娩,避免发生病理的难产疾病。

第四节　奶牛分娩过程

分娩过程三要素:分娩过程是否顺利,取决于奶牛的产力、产道和胎儿三个要素;按照生理功能它们相互配合协调地将胎儿顺利娩出,如果有一个环节出了问题将会造成难产。

1. 产力。由子宫肌及腹肌有节奏的收缩,将胎儿娩出。子宫肌肉的收缩称为阵缩,腹壁肌肉和膈肌的收缩称为努责。这两种力量配合形成产力。

临产母畜的血液中有乙酰胆碱和催产素,它们是促使子宫收缩的激素。产前它们分别被胆碱酯酶和催产素酶破坏。而不能发挥作用,但在临产时雌激素增加,抑制了这两种酶,于是催产素的活性表现出来,形成阵缩。阵缩对保护仔畜的安全非常重要。阵缩时子宫壁收缩、血管受到压迫,胎盘上的血液循环和氧的供应发生障碍;间歇时子宫放松、血液循环及氧的供应又得以恢复。如果子宫持续收缩没有间歇,胎儿因缺氧就会窒息死亡。子宫腔随着阵缩也逐渐缩小,子宫的阵缩刚开始持续时间仅数秒钟,间歇时间较长。随着产程的延长,分娩牛子宫收缩 15 分钟一次,持续 15 ~ 30 秒,以后频率逐渐增加到 3 分钟一次。到产出期每 15 分钟阵缩7次,每次1分钟。在产出期由于胎囊、胎儿对子宫颈的刺激使垂体后叶素的分泌猛增,引起腹肌和膈肌的强烈收缩、努责开始。努责比阵缩来得迟,停止得早。此时奶牛全身用力,以致张口、伸舌、呼吸迫促、眼球转动,四肢伸直。如果产道和胎儿适应很快就要娩出犊牛。经过几次强力努责和阵缩之后仍娩不出,或胎囊已破、胎牛不下来,就要检查是否有难产。胎儿分娩后,子宫继续阵缩,每半小时8~10次,每次100~130秒,子宫肌的收缩,目的是排出胎衣。正常情况4~12小时之内胎衣可完全排出。

2. 产道。产道是胎儿娩出的必经之路。产道分软产道和硬产道两部分。

软产道是指子宫颈、阴道、前庭及阴门等由软组织构成的部分。子宫颈在妊娠时紧闭,当分娩时与阴道、阴门一起松弛、软化。扩大到能够通过胎儿。

硬产道是指骨盆。骨盆的大小、形状、扩展程度是胎儿能否正常通过的关键。

骨盆腔的顶由荐骨与前三个尾椎组成,侧壁是髂骨干与坐骨的髂臼部,底壁为两侧的耻骨和坐骨,共同构成骨质骨盆。荐坐韧带,及其他软组织附着其中。骨盆分以下四个部分:

(1)入口:是腹腔通往骨盆腔的入口,位于骨盆的腹腔面,斜向前下方。

(2)出口:是由上方的第1、2、3尾椎、两侧荐坐韧带后缘以及下方的骨盆轴、坐骨弓围成,是通过骨盆腔中心的一条假想线。骨盆轴越短越直,胎儿通过就越容易。

(3)骨盆腔:骨盆入口与出口之间的腔体,成为骨盆腔。骨盆腔的大小取决于骨盆腔的垂直径及横径。垂直径是由骨盆联合前端向骨盆顶所作的垂线。

横径是两侧坐骨上棘之间的距离。坐骨上棘越低，则荐坐韧带越宽，胎儿通过骨盆时骨盆腔就越能扩大。

(4)骨盆轴：骨盆轴是一条假想线(见图 1-1)。

牛的整个骨盆腔入口的中横径比荐耻径小，因此为竖的长圆形；骨盆侧壁的坐骨上棘很高，向内倾斜，所以骨盆腔横径小，荐坐韧带也因而较窄。骨盆底凹陷大，而且后部向上翘。致使骨盆轴线曲折，先向上向后、水平向后、再向上向后(见图 1-1)胎儿就是沿这条轴线娩出的。

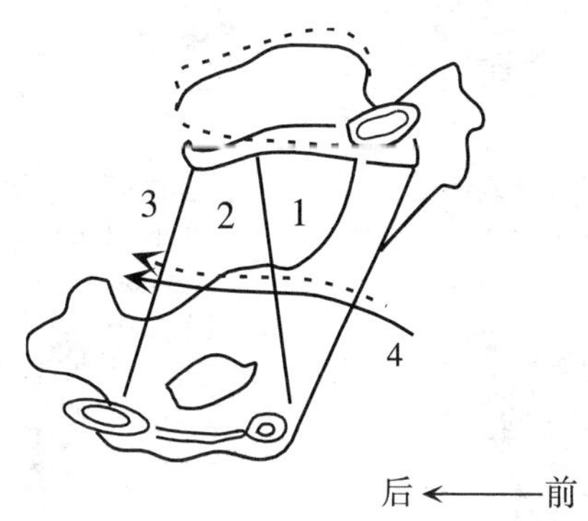

图 1-1　牛的骨盆轴

(虚线代表胎儿通过情况)

1. 入口荐耻径　2. 骨盆腔垂直径　3. 出口上下径　4. 骨盆轴

3. 胎儿。胎儿分娩前在子宫内总是纵向，有头或后躯前置，到临产时由于阵缩和努责等外力改变了胎位、胎势。使胎儿的纵轴成为细长，以适应骨盆腔的内径，达到正产。

正常的姿势在正生时，两前腿伸直、头颈伸直，放在两腿前上方,倒生时两后腿伸直。这样胎儿以楔状进入产道。即先细后粗。

在生产中两腿外露,蹄底向下正生,蹄底向上倒生。

分娩母牛为什么采取侧卧位?因为侧卧时盆腔易扩大,如图1-2中③和④。

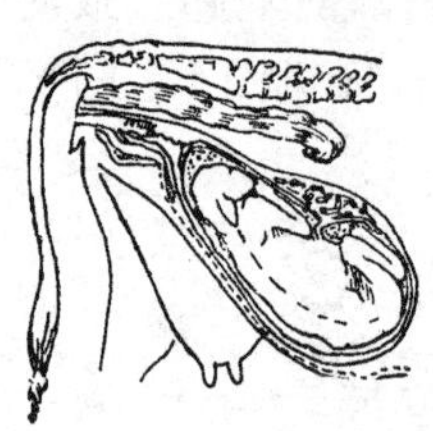

①分娩前小牛在子宫内的卧势(侧位)

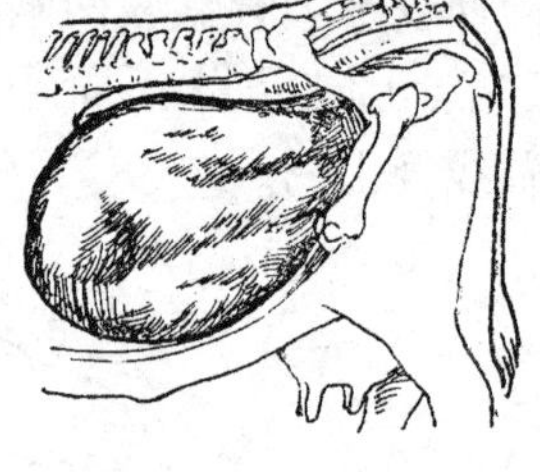

②临产时小牛在子宫内的卧势(上位)

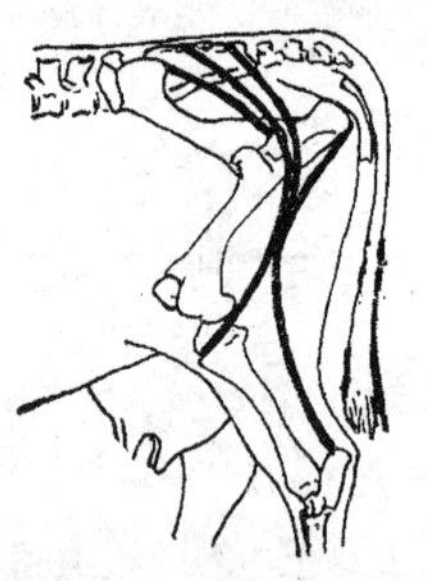

③牛站立时, 臀部肌肉紧张,盆腔不易扩大

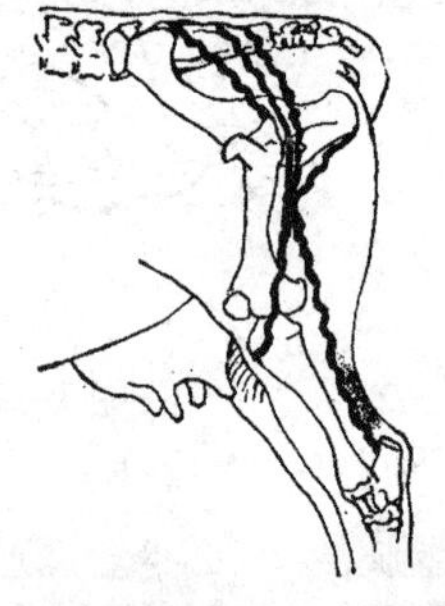

④母牛侧卧且后腿向后伸,臀部肌肉松弛,盆腔容易扩大

图1-2

第五节 奶牛分娩预兆

奶牛妊娠期为280~285天,母牛到临产前随着胎儿的发育其生殖器官和与生产分娩有关的器官生理机能都为娩出胎儿、哺育胎儿做准备,所以它有一系列的内部和外表的变化。我们可以从这些变化判断是否临产,以便做好接生准备。

一、乳房变化

干奶期在奶牛产前10天开始膨胀,并发生水肿,有的奶牛在产前15天就开始膨大,肿胀水肿。高产奶牛膨胀、水肿比较严重,低产奶牛(15千克奶产)水肿较轻,有的没有水肿,只有程度不同的肿胀,肿胀程度与临产时间有点关系,但不甚准确。比较可靠的是乳头及乳汁的变化。奶牛产前10天可自乳头中挤出少量的清亮的胶样液汁,至产前两天乳房膨胀、坚硬,皮肤甚至发红,乳头中充满初乳(黄色黏稠),乳头表面覆有一层蜡样物。有的奶牛到临产前1~2天开始漏奶。我们不主张在产前用挤奶的方法判断分娩时间,因为干奶期奶牛的乳头口和管是封闭的或者干奶时注入封闭消炎药,如果在产前挤奶,把乳头管放通,外界的致病微生物有可能通过在开放的乳头管进入乳头,造成乳房炎的隐患。在实践中也常遇到产后很快就发生乳房炎的病例,乳房水肿不做生理性消散,反而越肿越严重。万一需要挤奶检查,挤毕也要再消毒并用抗生素软膏封闭乳头口。

二、软产道变化

子宫颈在分娩前1~2天开始肿大,松软。原来封闭子宫颈的黏液软化流入阴道，从阴道门流出来呈透明、拉丝状，牛有时在产前一月左右也要流出与此性质不同的黏液，但没有其他临产征兆。

阴唇肿大、柔软、水肿，从分娩前一周开始，有的牛从前10天就开始肿胀。可以根据肿胀、发展程度判断临产。

三、骨盆韧带变化

骨盆韧带在临近分娩时开始松软。由于骨盆区域内的血管在临产前1～2周渗出液多，把周围组织如骨盆韧带变软、松弛。到产前1～3天荐坐韧带变得非常松软。外形消失，尾根两旁只能摸到松软组织，荐骨两旁组织塌陷。群众说“髋塌了”离分娩就剩下1～2天。

四、精神状态

母牛在产前1～2天，精神沉郁、行动小心、不食或少食，有的牛喜饮水，不安。

体温在产前增高到39℃～39.5℃，临产前降到38℃左右。

判断是否临产分娩要综合判断，特别是要按预产期做好接产准备。

第六节　奶牛分娩期

分娩过程共分为两期：

1. 开口期：从子宫有阵缩开始到子宫颈充分扩大到犊牛能通过。此期只有阵缩，无努责。由于阵缩，奶牛表现不安、腹痛、出汗、刨地等。尾巴上下刷动，时起时卧。

2. 产出期：奶牛努责开始后就卧下，但也可能时起时卧，到胎头通过骨盆上棘最狭处才卧下。

多数奶牛尿膜绒膜先形成第一胎囊，挤向阴道和阴门之外，此囊破裂排出黄褐色尿水，为第一胎水；排出后尿膜羊膜囊才突出于阴门外，是为第二胎囊；破裂后就排出淡白色或微黄色黏稠的羊水。此时胎儿已进入产道很快就会娩出。牛胎儿身上不会有完整的羊膜包着。

整个产期随着年龄、体质、饲养等多种因素产程长短很不一致。正常情况开口期1～24小时，产出期3～4小时。

胎衣排出：正常情况奶牛在胎儿排出后2～12小时胎衣全部脱落。胎衣是胎膜、胎盘等的总和。胎衣脱落的机制是，胎儿排出后，胎儿胎盘血液循环停止，绒毛体积缩小，同时母体胎盘血循环减弱，子宫黏膜腺窝紧张性降低。因此母子胎盘之间的间隙扩大，靠重力因素，排出体外。如果母子胎盘间有炎症或其他损害不能正常分离就会形成胎衣滞留不下。

第七节　奶牛接产注意事项

1. 用消毒溶液冲洗并擦干净奶牛外阴及周围体表。

2. 在奶牛卧下，胎水已破、胎儿进入产道时，应检查胎儿的胎位胎势及产道扩张程度，确定是否难产，并适当予以助产，拉出胎儿。

3. 给新生犊擦干口鼻黏液。

4. 脐带可让自断，然后用5%碘酊浸泡半分钟消毒。

5. 擦干或让奶牛舔干犊牛身体，如在寒冷季节应将犊牛很快移到温暖的房舍中，以防冻伤、感冒等。

6. 在半小时或1小时内给犊牛吃到母亲初乳。喂初乳要早，量要足，第一次要喂1.5～2.5千克。

产后母牛护理十分重要，要向护理产妇一样耐心和细心。多数奶农当奶牛产后都急着加料，争取多产奶，这种心情可以理解，但要科学分析奶牛当时的生理状态。料要慢慢加，奶要按操作程序去挤。

第八节　围产期奶牛免疫力下降的生理特点

大量的研究证明，从产前20天到产后20天的围产期内，奶牛先天性和后天获得性免疫防御机能降到最低，可导致奶牛围产期疾病发病率提高，怀孕、分娩、泌乳等应激可导致奶牛免疫力降低，发病率提高。动物的免疫和内分泌系统与处于应激或机体损伤情况下的神经肽和神经内分泌素的功能间存在功能上联系，即免疫病理学，生长激素动力学与抗体反应呈正相关。

一、嗜中性粒细胞的免疫作用

奶牛嗜中性粒细胞是血液中非特异性免疫系统中第一线防御细胞。约占白细胞总数的70%。嗜中性粒细胞由骨髓产生，释放到血液循环系统中，监控感染点，血管内皮组织局部产生的细胞因子，使得嗜中性粒细胞牢牢地黏附在感染点附近，从血管内皮向病原移动，通过嗜中性粒细胞的吞噬作用清除病原微生物。黏附因子L—选择素在嗜中性粒细胞移动过程中起关键作用。

奶牛围产期与应激相关的肾上腺素分泌达到高峰，致使嗜中性粒细胞L—选择素显著下降,从而严重削弱了嗜中性粒细胞的吞噬过程。许多研究表明,由于嗜中性粒细胞的功能下降,导致奶牛临床乳房炎的发病率明显升高。可明显地增加围产期奶牛子宫炎的发病率。

二、淋巴细胞在奶牛围产期的免疫作用

淋巴细胞分为B细胞和T细胞两种。是具有特异免疫识别功能的免疫细胞。它们是由骨髓造血干细胞分化而来。B细胞占外周淋巴细胞的10%~15%,是特异性体液免疫应答细胞。B细胞表面有许多契合点和多种标志表达产生非特性免疫球蛋白和特异性抗体,分泌细胞因子,参与免疫作用。

T淋巴细胞的细胞表面受体分为不同的离散亚组。不同亚组的功能分别是:有助于抗体产生和杀伤性T细胞的功能(T—辅助细胞);诱导特异性炎症反应(T—迟发型超敏反应);杀灭特异性靶细胞(T—毒杀性细胞)。这些功能由大量的细胞因子和酶的产物介导。B和T淋巴细胞均存在抗原的免疫记忆功能,可在重复遇到同一抗原时作出更快更高效的应答反应。

淋巴细胞的活性,如抗体和细胞因子的产生,细胞毒性及细胞增殖已被用于指示免疫系统功能状态。

大量的研究表明,在奶牛分娩前后,白细胞的免疫应答功能削弱。kehrly等利用荷斯坦牛研究证明,淋巴细胞对促细胞分裂素的反应稳步下降。持续整个围产期,并在产后2~3周恢复。生殖激素和肾上腺皮质激素,调整这一下降反应。分娩前后淋巴细胞应答的变化与乳房炎易感性增加以及围产激素的改变明显相关。即乳房炎及围产疾病与淋巴细胞的应答能力、免疫能力相关。

三、淋巴细胞亚群和黏附分子的动态平衡

用流式细胞术和特异性单克隆抗体检查显示,外周血单核细

胞亚群、乳腺组织以及奶牛乳腺分泌物在围产期均有所变化。通过使用免疫荧光检测,发现急性细菌性乳房炎,外周血中 B 和 T 淋巴细胞绝对数减少(分别为 63% 和 40%)。特别是围产期内,乳汁中 T 细胞含量降至最低(16%)。但在哺乳后期升至 62%。

奶牛血液中的 CD_4 和 CD_8 T 细胞比率在不同哺乳期内有所改变,但在分娩前后两者的比高达 3:1。一般情况下,牛奶中 CD_4 和 CD_8 的比率低于血液中的比率,说明乳腺中 CD_8^+ 细胞的比例较高。

关于围产期荷斯坦奶牛和血液中单核细胞亚群变化的检查结果证明,分娩前后,特定的 T 细胞亚群比例显著下降,但 B 细胞没有下降。另外,产前和分娩时的 T 淋巴细胞含量同样比未怀孕未哺乳的同种奶牛的含量低。根据多人的研究表明,肾上腺皮质激素,能降低 L—选择素分泌及 T 细胞的数量。

四、如何提高围产期奶牛的免疫力

奶牛围产期是整个泌乳周期中最重要的时期。这一阶段奶牛经历了巨大的生理与代谢的变化,以及一系列应激,如分娩、泌乳、日粮结构改变和环境改变等。这些都会在很大程度上造成奶牛免疫抑制并影响牛的健康状况。围产期饲养管理的好坏直接影响牛的正常分娩、母体的健康、产后生理性能的发挥和繁殖周期以及奶牛的利用年限。

目前国内有些大型集约化奶牛养殖集团,从牧场设计、建设到饲养管理都比较先进,接近或达到先进国家的养殖水平,但奶牛的生产性能与发达国家相比有一定差距。其中一个重要原因就是对围产期奶牛缺乏科学饲养、保护。奶牛乳房炎、子宫内膜炎发病率居高不下,影响了产奶后生产性能的发挥。所以提高认识,加强对围产期奶牛的管理、养护,显得尤为重要。

奥奶净(omnigen - AF)是一种可以增强奶牛免疫力、提高围产期奶牛健康水平和生产性能的功能性饲料添加剂,实践证实是有效的。美国俄勒冈州立大学研究证实,此产品可增加奶牛嗜中性粒细胞的L—选择素的表达,增强其吞噬功能,从而增强奶牛先天性免疫功能;同时还能增加奶牛血液循环中T和B细胞淋巴细胞的数量。因此能增强奶牛获得性免疫力,从而提高奶牛围产期抗病力,降低产后发病率,提高产后生产性能,即产奶量等。

总之,奶牛围产期免疫力下降是造成多种感染性疾病多发的基本原因。因此对围产期40天的奶牛,要倍加精心、科学合理、细心地饲养与护理。

以上只是从免疫能力方面,阐述了奶牛围产期抗病力低下的原因,如果从围产期奶牛体质下降、代谢转型、入不敷出等因素考虑,也可以说明奶牛围产期病多、病重、难治的原因。

第九节　奶牛疾病常用治疗方法

奶牛疾病的治疗方法,可以归纳为如下几种:

1. 抗菌治疗:主要应用抗生素等抗菌药物进行治疗。

2. 体液疗法:主要通过输注葡萄糖、氯化钠等不同浓度的液体,调节机体体液的pH值、离子浓度等从而达到治疗的目的。

3. 激素疗法:应用多种激素有针对性地治疗激素缺乏症或过多症。

4. 中药治疗:中医药治疗面很广,如果按照中医理论正确使用,及时治疗,其疗效显著。

5. 手术疗法:其适应症很多,手术成功可收到立竿见影的效果。

6. 免疫疗法:除对传染病应用免疫预防和治疗外,对一些普通疾病也有使用免疫疗法的。

7. 营养疗法:应用很广泛。

8. 症状疗法:针对病因治疗而言,几乎每一种病都要配合使用症状疗法。

9. 心理疗法:我们在治病的同时要为患畜创造舒适、愉快的环境,使患畜心理处于健康、愉快状态。

10. 物理疗法:如冷敷、热敷、电疗、激光等。

11. 急救治疗。

12. 封闭疗法。

在治疗奶牛疾病或传染病中,多数情况是采用数种治疗方法进行综合治疗,很少采用单一疗法。为此要掌握每一种治疗方法的特点、作用和实施方法以达到及时治愈病畜的目的。

第十节　规模化奶牛场奶牛疾病诊断与检查

一、奶牛场医疗设施

规模化奶牛场,必须有与生产规模相适应的医疗设施。

1. 人员

根据饲养奶牛数量设 2 ~5 人,而且要有大专以上学历以及有一定治疗经验的兽医和畜牧人员,分别负责科学的饲养管理与疫病防治。

2. 治疗室

应有 50 ~ 100 平方米的治疗室。诊疗新增和复诊病牛。

室内要设 1 ~ 3 个六桂栏,和待诊待疗栏。

常备常用诊疗仪器设备,如胃管、阴道冲洗器、电疗设备、手术设备、专用手术器材盒,体温计、听诊器、打诊器。

保定设备:如鼻钳等。

防护设备:洗手、洗眼、防护服、手套、眼镜、胶靴。水、电供应。

地面:防水、下水通畅、地面防滑。

3. 药品及药品配制室

应与治疗室相连,但要隔开,以防奶牛冲撞。设备现代化的移动式 X 光机,移动式 B 超声波机等,可以提高诊断治疗效果。

4. 化验室

根据奶牛规模设置,现在每个县市都有相应的功能设备较齐全的大、中型化验室供该地区疫病监测。作为一个规模化奶牛场应有自己的实验室,作常规或基础的化验,供兽医诊断、医疗使用。

如作细菌学检查、药敏试验,可提高抗菌药物的治疗效果。

作酮体测定和钙等矿物质测定,有助于对代谢病的准确治疗。

做血象和尿液的监测,应用广泛。

做平板凝集试验,酶联免疫吸附试验等,可以早期发现某些传染病,及时采取措施预防、治疗、淘汰。

做牛乳卫生检验,理化指标是否正常,体细胞数是否增加以判断是否有隐性乳房炎。

牛奶正常理化指标:比重 1.028 ~ 1.032,脂肪不低于 3%,细菌总数每毫升不超过 50 万，体细胞（白细胞）不超过 1000 个/毫升等。

化验室设备有的很贵，动则过万或几万元，有些既便宜又简便，如口蹄疫或禽流感 ElisA 试剂盒，很便利但也要有化验室基础设备，如离心机、保温箱、冰箱、电脑等。

二、奶牛场病牛临床检查

1. 在规模化大型奶牛场要建立定期巡查制度，如每日早上全群检查一次，发现病牛及时处置。

2. 建立饲养员、挤奶员，每日奶牛健康状况报告制度。对病牛及时发现及时治疗。

3. 群体检查。一般以一圈为一群进行检查。全面观察有无患病牛只。群体检查方法是：

（1）休息状态检查。在牛只休息、保持安静时，观察其姿态、营养和精神状态，被毛、呼吸、反刍状态，有无咳嗽、战栗、呻吟、嗜睡、流涎、流血、受伤、离群等反常现象。

（2）动态检查。在安静状态下观察以后，可以将牛群哄赶，以观察其行动时的姿势和状态。注意有无行走困难、跛行、后肢麻痹，步态踉跄不稳、弓背弯腰、掉队离群等情况，观察动物运动后有无咳嗽或呼吸异常。注意排泄姿势异常和排泄物性状等。

（3）饮食检查。观察采食和饮水状态，注意有无不食、不饮、少食、吞咽困难等异常现象。

4. 个体检查。根据群体检查，发现可疑病畜，进行系统的个体临诊检查、个体检查方法以体温检查，视诊、触诊为主，必要时行听诊和叩诊。

（1）体温检测。在测体温时，将牛只保定，在安静状态下用体温计测定，一般用兽医专用肛表插入肛门维持 5 ~ 10 分钟取出肛表仔细观察或用电子测量仪全群查看，有高温牛用肛表对照。牛的正常体温在38.5℃～39.5℃之间。

（2）可视黏膜检查。

①眼结膜：色泽是否苍白、潮红、黄染、发绀，有无分泌物流出，流出量多少，有无炎性肿胀、充血等。

②鼻黏膜：色泽是否苍白、潮红、发绀、紫，有无溃疡、瘢痕等病变，以及流出鼻液的颜色、数量、性状。

③口腔检查：将牛保定好，把手从左侧口叉伸入口中、检查舌的硬度、口腔温度、黏液量及性质，观察口腔黏膜色泽是否正常，齿龈和颊部有无病变、溃疡、破伤等。

④外生殖器：检查有无炎性肿胀，有无多量黏液血色液体流出。

（3）排泄器官及排泄物的检查。

检查排泄有无困难，粪便颜色、硬度、气味及性状（干、稀、软），尿的颜色、尿量、清浊程度。

（4）被毛和皮肤的检查。

①被毛：检查被毛有无光泽，清洁程度及完整性，有无脱毛现象。

②皮肤：检查有无肿胀、丘疹、水泡、脓包或溃疡，以及患病部的位置、形状、温度、硬度、敏感程度。

③检查皮肤温度是否增高、降低、分布不均等，还可以检查鼻镜、摸角根、胸部及四肢下部。

④皮肤湿度：检查是否多汗、冷汗现象和鼻镜的干湿度，正常牛的鼻镜是湿润的，上有小水珠。病态时干燥，甚至有裂纹。鼻镜检查很重要，它可以反应牛健康状况。

（5）体表淋巴检查：主要检查颈浅、膝襞和乳房淋巴结，检查大小、软硬、敏感、是否活动。

(6)呼吸状态检查:在安静状态下,检查呼吸频率、节律、强度、是否平稳,有无呼吸困难、迫促。是否有鼻液,鼻液是浆液性或黏脓性。

(7)腹部检查:看完口鼻腔黏膜,按顺序向后看,先看颈部,看颈静脉波有无及波形状态,听心音、计数,每分钟心跳多少次,是否有杂音、间歇音,是心动过速还是过慢、整齐还是混乱。

听肺部呼吸节奏是否均匀、次数有多少,呼吸音是粗励还是柔和。

听瘤胃蠕动音,一般 1 ~2 分钟来一次为正常,超过 3 ~5 分钟来一次则为蠕动缓慢。有的超过 5 ~10 分钟则可视为过度缓慢,或有蠕动停止。

听瘤胃蠕动音的位置在左侧上腹肷部。还可以区别蠕动强弱,强者似雷鸣把听诊器顶起来,弱者仅有微弱的蠕动音。瘤胃蠕动音,一般 1 ~2 分钟来一次为正常。

听完瘤胃到右侧听肠音,听真胃蠕动等。

如果是怀孕母牛,在右侧下腹部可以听、看胎儿的心音,胎儿踢腹(胎动)等怀孕状态。如果动作大,持续时间长,可以考虑胎动不安,预防流产。

最后摸母牛尾动脉、诊脉,取出体温计看体温。

奶牛保定图示：

图1－3　二柱栏保定

【背腰缠绕倒牛法】取一条长约15米的绳子，一端拴在牛的两角根部，另一端在经过胸部和腹部时，各缠绕躯干一周，使交叉点放在非倒卧侧。绳子套好后，两人向后用力拉绳，一人抓住牛鼻环绳和角，将牛头向倒卧侧按压，牛即倒下。

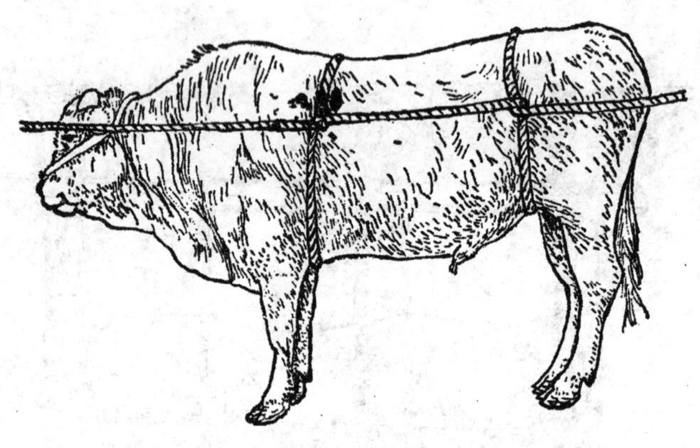

图 1-4　背腰缠绕倒牛法

【提肢倒牛法】取一条长约 7 米的绳子，折成一长一短两股，在绳的折叠部作一猪蹄扣套在倒卧侧前肢球关节的上方，先将短绳端穿过胸下，从对侧背部返回，由一人固定，再将长绳端向后上方引至非倒卧侧髋结节的前方，通过腹下返回，并穿过同一绳上面，绕腹腰一圈，再由另一人固定，倒牛时站在旁边的人拉紧短绳，使倒卧侧前肢提举，同时站在后边的人将绳圈经十字部顺着臀部向下推至跗关节上方，用力向后拉近绳端，使绳紧缚两后肢，牛即坐下而后卧倒。

检查奶牛消化系统示意图

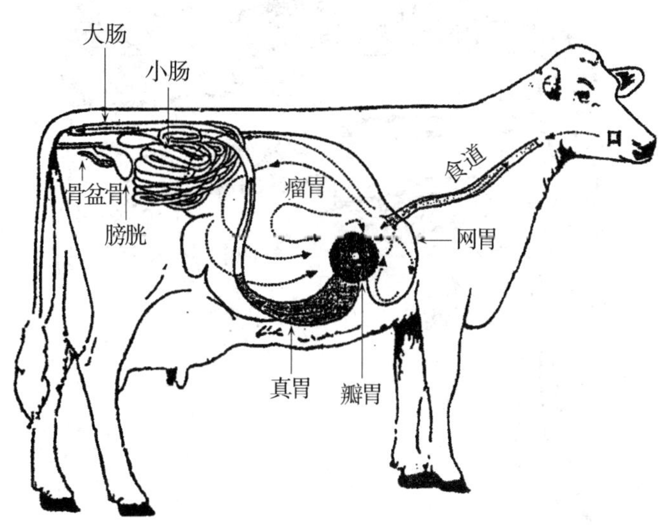

图 1－5　奶牛消化系统示意图

奶牛检查生殖系统示意图

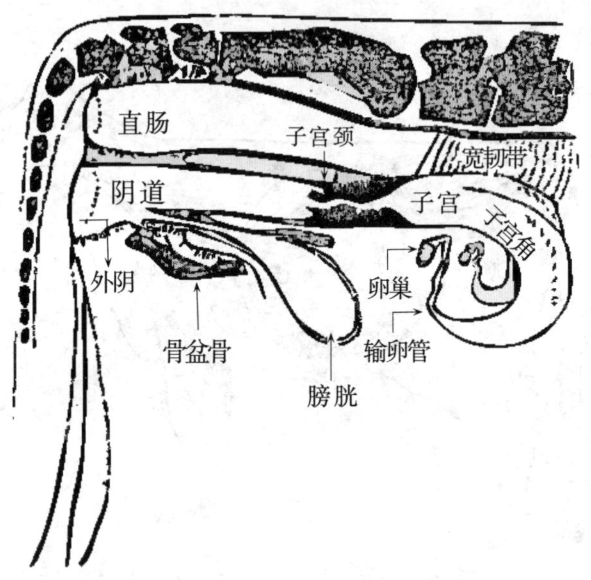

图 1－6　母牛生殖道示意图

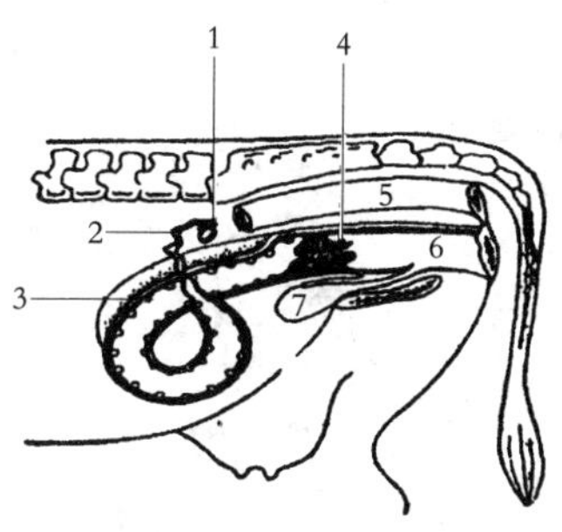

母牛的生殖器官

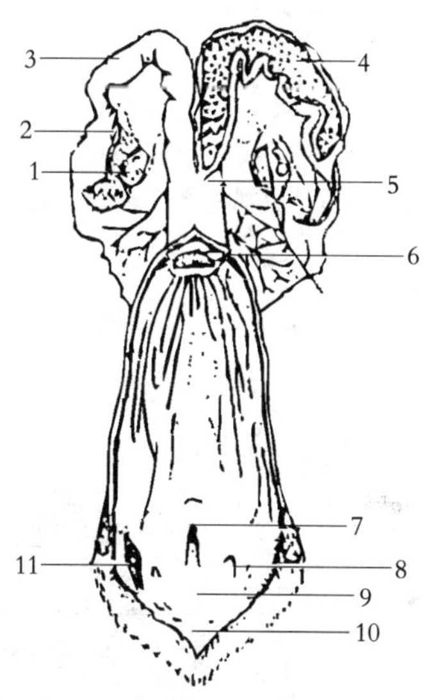

图1-7　母牛的生殖器官模式图

1. 卵巢　2. 输卵管　3. 子宫角　4. 子宫阜　5. 子宫体　6. 子宫颈
7. 尿道外口　8. 前庭大腺开口　9. 阴道前庭　10. 阴蒂　11 前庭大腺

奶牛器械人工保定法

图1－8　手抓牛鼻中隔保定法

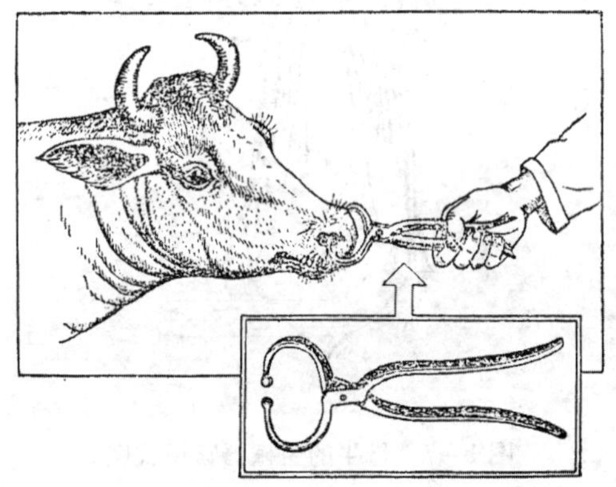

图1－9　牛鼻钳保定法

奶牛诊脉法

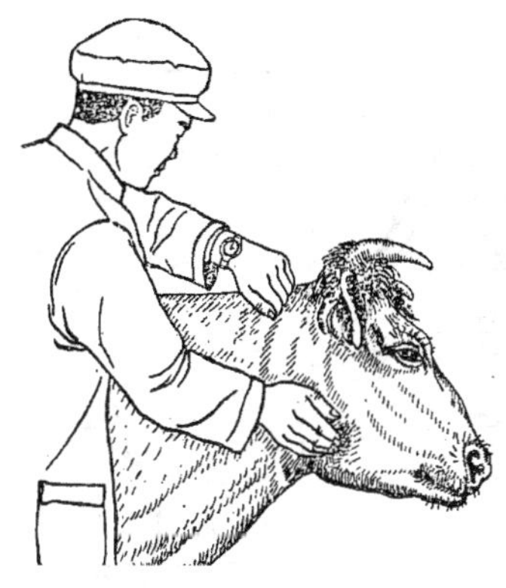

图 1–10　牛颌外动脉诊脉法

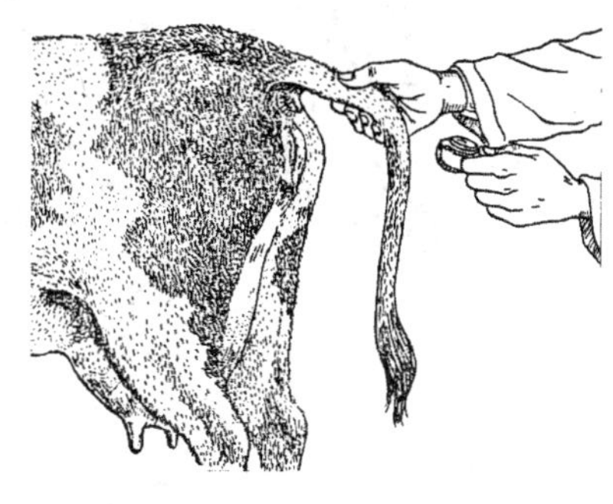

图 1–11　牛尾动脉诊脉法

心跳和脉搏的次数，特别是快脉对预后判定上非常重要。例如成年牛的脉数每分钟达到八十次以上，多为循环已受干扰，病情较重；如达一百次以上，表示病情严重，心脏受害；若达一百二十次以上，往往是危急的征兆。成年牛的心跳每分钟达到一百次时，反应循环受害；超过一百二十次，常表示预后不良。家畜的慢脉是很少见的，临床上只见于昏迷、严重中毒或肝病的病畜。牛患重瓣胃阻塞也可有慢脉出现。奶牛正常心跳应在 50 次左右，到 80 次以内。

此外，心跳的节律，有无反常的心音以及脉性，在临床诊断上有重要意义。正常的心跳和脉搏是：节律整齐，心音洪亮，动脉管相当充实，管壁富有弹性。

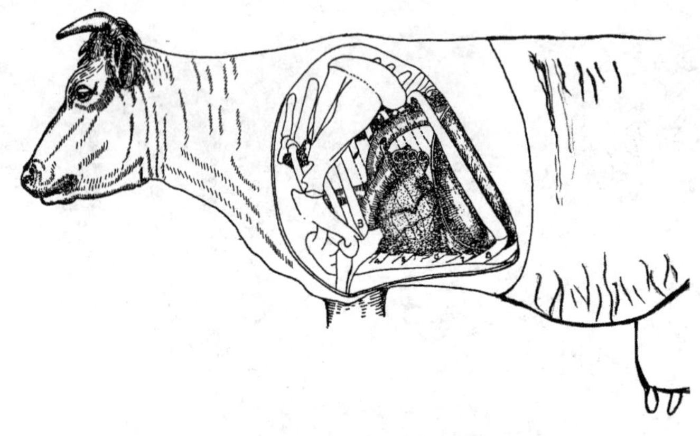

图 1－12　牛的心脏听诊位置(左侧)

奶牛心脏听诊位置在左前前肢肘关节附近胸壁上,听诊时尽量向前推动前肢,露出听取心音的胸壁。

听取心音是否稳定、节律是都均匀正常;心搏动计数,一分钟跳多少次;分辨心音是否混浊、有否间歇、早搏、停顿等异常搏动。

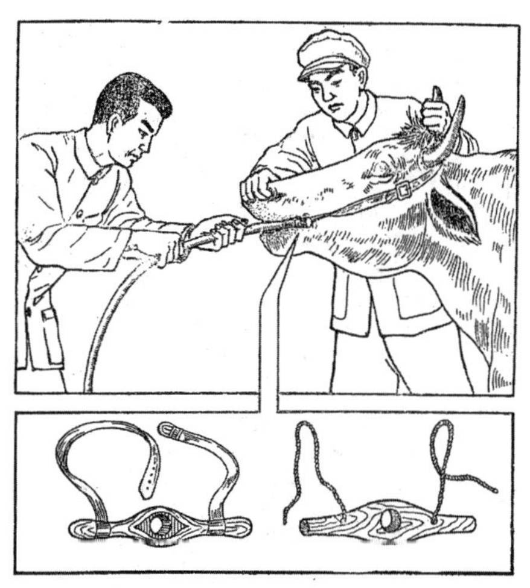

图 1－13　牛胃管投送法

1. 先给牛戴上木质开口器(见图 1－13)。

2. 准备胃管:将胃管用温水浸泡后,在投入牛胃的一端涂上液体石蜡备用。

3. 从木质开口器中央圆孔内送进胃管,敏捷地推向咽部,牛自然将胃管吞咽下去,很少阻力,进入食道后,可在颈静脉沟食管区见到胃管逐渐滑下的影迹。当进入胃内,常有气体冒出,如无开口器,可将胃管从鼻腔送入。

4. 胃管投入胃内后,稳妥固定,按上漏斗、灌入药液或放气,排除瘤胃内容物,排瘤胃内容物时须先灌入水,稀释胃内容物。

5. 治疗完成后,取下漏斗,用力向胃管内吹起,当胃管内容排尽时,缓慢抽出胃管。

瘤胃穿刺术

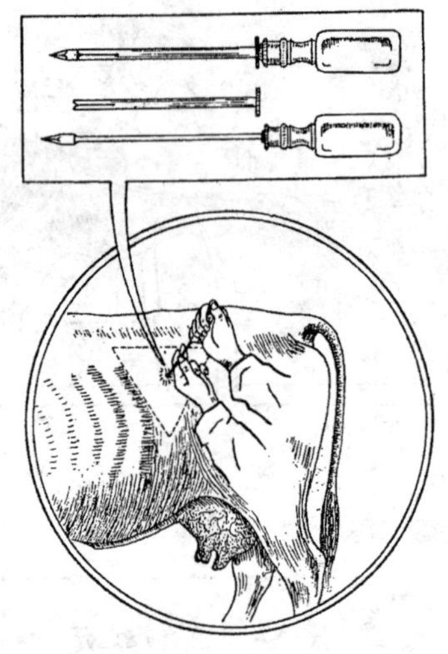

图 1－14　牛瘤胃穿刺术

（一）穿刺部位：左肷部距髂外结节、腰椎横突及最后肋骨等距离的部位，或选臌气最高处。

（二）穿刺方法：

1. 术部剪毛、消毒。如有必要可用外科刀在术部切一小口。

2. 将皮肤移向上方，套管针向内、向前、向右肘的方向刺入，约插进八至十厘米。也可用大号针头或穿刺针代替套管针（见图 1－14）。

3. 以左手固定套管，右手拔出套管针芯，使气体缓缓放出。如套管发生堵塞，可用针芯通透。

4. 放气结束后，必要时可将套管针在瘤胃内保留一段时间，然后拔出套管，术部消毒。

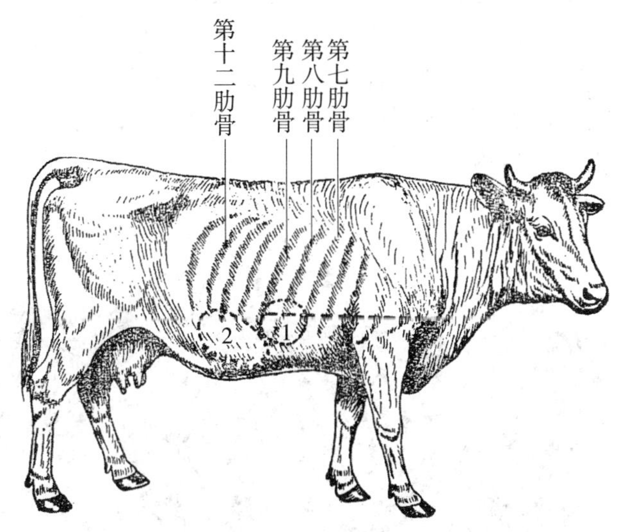

图 1－15　牛重瓣胃的听诊部位和真胃的触诊部位

1. 重瓣胃听诊部位　　2. 真胃触诊部位

奶牛重瓣胃注射:

应用范围:向瓣胃内注射硫酸镁或硫酸钠溶液治疗瓣胃阻塞。注射部位:在右侧第八或第九肋间的肩关节水平线上下各 2 厘米处。

注射方法:用长 18 号注射针头(约十五厘米长)在上述部位从右向左、从后向前、向下刺入约十至十二厘米,如果感觉没阻力,表示已达重瓣胃内。

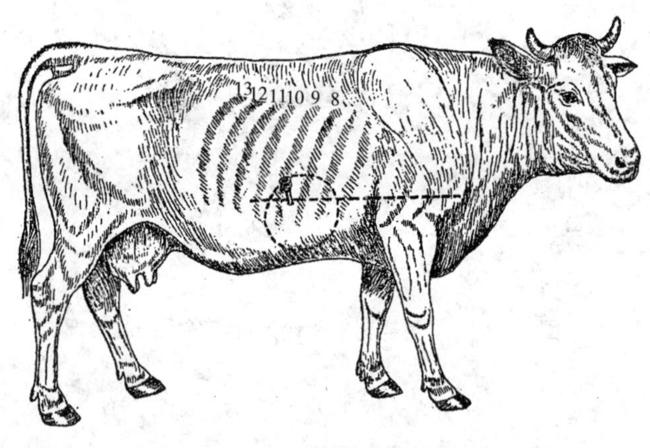

图 1－16　牛重瓣胃注射部位

第二章　奶牛围产前期常见病防治

奶牛妊娠后期，由于饲养管理不当，过度利用，营养缺乏，内分泌失调，外力损伤以及某些传染病原因，会引发母牛和胎儿的疾病。

第一节　围产期奶牛胎动不安

胎动是怀孕后期的正常现象，正常情况奶牛怀孕到 6 ~ 7 个月龄以后，会出现胎动。每日早上或饮水以后，在左侧腹部会见到正常的胎动。

症状：

胎动不安是指在母牛左侧腹部见到胎儿频繁活动，间歇时间很短。严重的胎动母牛往往有全身症状，如精神不安、食欲下降、反刍减少、腹痛、尿频数，严重者则起卧不安、体温正常。

单纯性胎动不安少见，大多数是因食物、药物中毒、长途运输，以及某些传染病引发流产的前兆。胎动有的激烈，有的比较缓和，激烈的说明胎儿受刺激严重，有死亡或流产的可能。在农药中毒时胎动十分明显而频繁。

病因:

饲养管理不当,过度利用,致使孕母牛气血虚弱、不能养胎;因跌打损伤、互相挤撞;脾胃疾病,殃及胎儿;因某些传染病出现高热、胎儿子宫内环境变化,或胎儿同时罹病,血热伤胎而发生胎动不安。孕母牛多有腹痛、精神恍惚等现象。

治疗措施:

1. 首先要对发病原因进行了解和检查,然后有针对性除去病原,对症治疗。如因吃了霜冻草、饮了冰雪水致胎动不安的,要停喂冻草、停饮冰雪水;如因中毒;摸清毒物种类,进行解毒治疗;如因传染病致胎动不安的,积极组织抗菌治疗。

2. 采取保胎措施:胎动频繁就有流产的可能,因此要采取保胎措施。

(1)使母牛处于安静的环境中,给母牛喂优质草料、饮温水。

(2)肌注黄体酮 50~100 毫克,一日两次。

(3)必要时可肌注安溴等镇静剂。

(4)也可同时给葡萄糖酸钙、葡萄糖盐水等药物,补充营养提高体力保胎。

3. 中药疗法:根据病因、临床症状、牛胎动不安,中兽医论将其分为血虚型、血热型、外伤型三种。

血虚型:

症状:体瘦毛焦、腹痛轻微,起卧而不滚转、蹲腰努责、频频排尿、有时阴道排出污浊血水、口色青白、脉象沉细。

治法:以补气养血、安胎。方用白术散。

白术、熟地 30 克、当归、党参、砂仁、白芍、陈皮、川芎、生姜、甘草各 20 克,阿胶珠、黄芩、荷叶各 15 克。水煎灌服。

血热型:

症状:蹲腰努责,阴唇频频抽动、不断流出尿液、有时起卧,但不滚转,有时出现血尿,口色赤红,少津脉数。

治法:以清热凉血、安胎为主。方用清热安胎散。

生地、熟地、黄柏、阿胶、白芍各30克、山药、川断、香附、寄生、黄芩、栀子各20克、艾叶15克,水煎灌服。

外伤型:

症状:有跌打损伤运动剧烈的病史,孕牛表现起卧不安,不断努责,频频排尿、量少,有时尿中带血,或有肚胀等。

治法:理气、活血、止痛安胎。方用安胎散。

白术、当归、白芍、川断、香附、黄芩各60克,川芎、熟地、艾叶、杜仲、地榆各20克,陈皮、牡蛎各15克,煎服。

用药剂量可根据病情和牛体大小适当加减。

鉴别诊断:

奶牛胎动不安,须与正常分娩相区别。正常分娩前的胎动,表现有乳房发育、乳头变粗变大、阴唇肿胀、荐坐韧带松软(农民称髋塌了)、臀部塌陷、子宫颈口张开等现象,以及临近预产期和其他产前征兆。

病态胎动有明确的发病原因距离预产期远,虽有起卧、嗳气、哞叫、胎儿活动增强,但无分娩征兆。

另外,据观察,胎动性质表现不同。在病态胎动,是胎儿不安,像是踢母腹,而正常胎动较柔和,而且频率低。特别当母牛因病或中毒原因到濒死期,胎儿营养供应困难、表现为剧烈踢腹,胎儿也有很快窒息死亡的可能。此时母牛可能卧倒在地,抢救成功率较低。如有条件可以吸氧、静注强心剂等。

第二节　围产期奶牛胎儿死亡

胎儿死亡可发生在妊娠各个时期。

奶牛围产期胎儿死亡,有的是在分娩前已死,有的是在分娩过程中死亡,出生时即死亡的称死产,死产胎儿的肺放在水中下沉。

奶牛胎儿死亡,另一种是在妊娠早期死亡,在配种受孕后1~3个月内。早期胚胎死亡,有的流出,有的并不流出,被母牛慢慢吸收。在5~7月令的死胎,多因传染病和外力撞击造成,有的胎儿虽死,但不表现任何不适症状,经数月后排出干尸或碎骨或腐败胎儿。

妊娠期奶牛胎儿死亡的原因:

1. 营养缺乏:目前奶牛价值较高,奶农不会不给奶牛吃草料。虽缺草料的也是个别现象。主要营养成分中缺乏蛋白质,维生素A、D和矿物质中的钙磷等。尤其蛋白质长期严重不足,可致胎儿死亡。

2. 老年性、生殖器官炎症、子宫粘连、吃了霉败饲料发生中毒性死胎等。

3. 物理因素,如碰撞、跌倒等。

4. 医疗错误。

5. 产程过长。

6. 传染病、寄生虫病造成的死胎。

诊断要点:

1. 起初不食或少食、精神不振,随后起卧不安、蹲腰刨地、弓背努责，阴门流出白色、灰色、灰红色黏液。在妊娠后期，用手久按右侧腹部或直肠检查有无胎动。

2. 胎死腹中如持续时间过长，病畜呆滞、不吃、反刍停止。如死胎腐败常有体温升高、呼吸急促、心跳加快等全身症状。阴门流出恶漏。如不及时治疗，常成为急性子宫内膜炎，致败血症死亡。

治疗：

1. 手术取出死胎，若子宫颈口不开可肌注垂体后叶素或乙烯雌酚以使子宫颈开张。必要时可注射催产素。

2. 对虚弱的母牛术前术后静脉输注葡萄糖、葡萄糖酸钙，18种氨基酸以及安钠咖（强心）等。

3. 胎儿取出后，用0.1%高锰酸钾溶液冲洗子宫，导出冲洗液，然后放入土霉素5克左右或青霉素1200万单位、链霉素3～5克。

4. 母畜于取出胎儿后按产后饲养管理，喂麸皮红糖水，如有初乳按“后挤奶”方式挤出初乳。（详见“奶牛围产期饲养管理”）

5. 如恶漏多、体虚可灌服中药。

方药：当归33克、川芎19克、益母草35克、桃仁16克、蒲黄18克、五灵脂18克、乳香15克、没药15克、党参33克、甘草15克、茯苓33克，共为末开水冲服。体虚者去蒲黄、五灵脂、加黄芪50克、山药33克、阿胶25克，以补气血。

第三节　奶牛流产

流产是胚胎或胎儿与母体的正常妊娠关系受到破坏，妊娠中断的病理现象。妊娠中断胎儿不能在母体内维持正常的生理活动。胎儿死亡或排出不足月的活胎,是为流产。

奶牛流产可以发生在怀孕期的各个阶段,以早期流产为多。当进入围产前期流产,通常称为早产。早产犊大多数是可以存活的。

据宁夏农林科学院畜牧兽医研究所报道,在对1600例奶牛调查中,流产率占12.2%,在54例流产奶牛血样检查,衣原体阳性率53.7%,布病检出率0.5%。

各地情况不同,流产在奶牛中的发病率悬殊很大,传染性疾病所致流产发生情况更不相同。一般奶牛流产约10%左右,我们调查104头奶牛,当年流产7头,占6.7%,在一个流产牛发生较多的牛群13/64(64头母牛中有13头发生流产),流产牛占20.31%,又选择5头有流产史和5头无流产史的牛,做布病血清平板凝集试验,结果5头流产牛,4头为阳性,其余5头中有两头为阳性牛,阳性率分别为80%和40%。可见该地区流产是布病性。

发病原因:

奶牛流产的原因很多,比较复杂,大致可分为三类:普通流产、传染病性流产和寄生虫病性流产。

1. 普通流产

指非传染性流产。又分为:

(1)自发性流产。由于胎盘、胎膜异常、导致胚胎死亡,发生流产。

由于胚胎发育停滞的流产多发生在早期流产中;由于近亲繁殖、胎儿畸形、环境温度过高等因素致胎儿死亡、流产。

(2)症状性流产。母牛的普通病及生殖激素反常所造成的流产较多,如母牛子宫内膜炎、子宫粘连、子宫发育不全、孕酮分泌不足，雌激素分泌紊乱或过多，都能引发流产。

(3)农药中毒、瘤胃鼓气、真胃阻塞、疼痛、吃霜冻草、冰冻饲料、突饮冰水等都能直接刺激子宫非正常的收缩、引发流产。

(4)饲养性流产。饲草料长期不足，母牛长期处于饥饿状态，或饲草料品质低劣，长期营养不足，缺乏蛋白质饲料，胎儿得不到必须的养分，母牛的抗病保胎能力低下，就可能发生营养性流产。

在饲料中缺乏维生素 A、维生素 E 以及其他多种维生素缺乏，都可引起流产。

(5)损伤性和管理性因素引发流产。缺乏运动的母牛，突然剧烈运动。腹部受到外力冲撞、抵伤、压迫、摔倒、出入圈舍时拥挤均可诱发子宫收缩发生流产，环境温度突然升高致流产。

(6)胎儿发育异常、胎儿畸形，脐带水肿、扭转，胎儿水肿、胎水过多，可造成胎儿死亡流产。

(7)医疗错误性流产。如粗暴的直肠检查、阴道检查，错误的人工受精，已孕牛、假发情时全身麻醉，大量放血，服用大量泻剂、利尿剂，注射氨甲酰胆碱、毛果芸香碱、槟榔碱、麦角新碱，误给大量催情药、激素等，如雌激素、前列腺素、地塞米松等，以及孕畜忌服的中草药、乌头、附子、桃仁、红花，以及注射疫苗(如牛口蹄疫疫苗)等，均可引发胎儿死亡或母牛子宫强烈收缩而流产。

(8)在孕母牛运输过程中因挤压、跌倒、撞击等因素，或长时间运输，空腹造成流产。

2002 年包头市由哈尔滨运来 56 头奶牛。下车当时就有一头奶牛流产出一只母犊，还有十几头奶牛有流产征兆。畜主打电话邀我去检查。经检查有 12 头奶牛阴门流出黏液，起卧不安，有的卧地不起。当即注射黄体酮(肌注)，同时静注葡萄糖注射液，少量饮水等措施救治。又流产一头。其余逐渐稳定，未流产。该批牛购买时，全部是怀孕母牛。经过进一步检查，有11头是空怀牛。属卖方欺骗。

(9)精神损伤性流产。如突然受到惊吓，母牛精神紧张，肾上腺素分泌增多，反射性引起子宫收缩而流产。

应激因素，如夏天过热中暑，造成子宫内环境不良而引发流产。

(10)配种方面的问题。如配种过早或过晚，卵子幼稚或老化，包括配种年龄过早过老或发情期过早过晚，早期胚胎生活力低下，发生早期胚胎死亡。所以在用冻精人工受精时要记录公牛号，以防近亲配种。孕后配种也能引起流产。有的奶牛在发情配种受孕后又发情，配种员误配也可以导致前胚死亡流产。

2. 传染性流产

(1)自发性流产：是指胎盘胎儿直接受病原微生物侵害致病，发生流产。如牛布氏杆菌病、沙门氏杆菌病、支原体病、衣原体病、胎儿弧菌病、病毒性下痢、结核病等。

(2)症状性流产：是指流产是某些传染病的一个症状。如牛传染性鼻气管炎、钩端螺旋体病、李氏杆菌病、O型口蹄疫、牛恶性卡他热、牛流行热等病。

这些病原并不直接危害胎盘及胎儿，当母牛患这些传染病时，流产是其中一个症状。

3. 寄生虫性流产

母牛生殖道黏膜及胎儿直接受寄生虫侵袭而发生的流产。如牛毛滴虫病、牛弓形体病。

症状性寄生虫病如牛焦虫病、环形泰勒氏焦虫病、边虫病、血吸虫病。

症状：

在妊娠期一经发现有分娩征兆，如腹痛、起卧不安、胎动，同时由阴门流出不等的黏液，有的带血，此时要详细检查，如果流出少量黏液，较清亮，可以考虑保胎治疗；如果流出褐色或棕红色黏液，努责明显，要进一步检查。先进行直肠检查，查胎儿位置是在腹腔，还是在骨盆腔，是否已进入产道，再查胎儿大小形状，有无胎动，是活胎还是死胎。如果胎儿已死，胎儿部分进入产道，可进一步从阴道检查，查阴道黏液多少，宫颈是否张开，以及张开程度。如果胎儿活着，距预产期尚远，特别在外伤性流产先兆不太激烈、胎儿尚未进入产道时，要积极采取保胎治疗措施。如果胎儿已死，阴门流出污红色或鲜红色血汁，保胎无望，可实施人工助产。

奶牛流产的症状因发病原因、妊娠时期、母体承受能力不同而表现出不同的症状和结果。

妊娠早期流产，无明显症状，有时能见到流出的胚胎，有时被液化吸收。

妊娠后期的流产，类似正常分娩症状，流出死胎或活胎。8 月龄后一般可存活。

在妊娠期中发生流产，母牛妊娠现象不明显但也不发情，乳房开始发育、增大，挤出初乳；尤其青年头胎牛乳房变化更明显。此时胎儿可能死亡，有的干尸化，有的腐败分解；大多数经过一段时间会将死胎排出。曾遇到一初产牛妊娠 6 月龄时流出一死胎，流产前有食欲下降现象，排出死胎后，经简单治疗，于 40 天左右发情配种再次妊娠。

流产归纳起来主要有四种表现：

1. 隐性流产。是早期胚胎死亡，在附植前后或一个月之内胚胎死亡。早期胚胎死亡在流产中约占 38%。其发生率相当高。因发生在怀孕初期，临床上没有什么外部表现，有的胚胎死后液化，被母体吸收；有的在母体再发情时随尿排出。有的人因此怀疑配种员技术不行,配不上,要求重配。

2. 排出不足月胎儿。怀孕早期流产,由于胎儿小,胎胞也小,排出时不易发现;尤其在规模化奶牛场,饲养员稍有疏忽就发现不了。其实早期流产在外阴部常有不正常的黏液(非发情性黏液)。而在怀孕中后期流产常有流产预兆,外阴肿胀、阴门内外有清亮或浑浊黏液流出,有时稍带血色。有时产出活胎,称早产。多数情况是死胎。早产胎儿一般不易存活。

3. 延期流产(死胎停留)。胎儿死亡后,由于阵缩微弱、努责无力,子宫颈管不开或开放不全,胎牛死后长期留在子宫内,称为延期流产。依子宫颈是否开放有两种结果:一是胎儿干尸化;一是胎儿浸润,把骨骼长期留在子宫内。

如黄体萎缩,子宫颈管就开放,微生物从阴道侵入子宫及胎儿软组织,先是气肿,两天后开始液化、分解而排出。骨骼因子宫颈管开放不够大而排不出来,滞留在子宫内。

牛胎儿气肿及浸润时,细菌引发子宫内膜炎,母畜表现败血症、腹膜炎等全身症状。

从气肿阶段开始,精神沉郁、体温升高、食欲减少、瘤胃蠕动减弱,或有腹泻。时间久了,或经消炎治疗,症状好转。但逐渐消瘦,经常努责。胎儿软组织分解、腐败,变为红褐污秽难闻的黏稠液体,努责时排出,其中可能带有小骨片。最后则仅排出脓汁,液体粘在尾根及后腿上,干后成黑痂。

4. 习惯性流产。在怀孕的某一阶段自发流产。畜主做好记录在下次怀孕的同期采取保胎、加强护理等措施,争取足月产出。或在将要流产前 15 天开始,连注孕酮十几次,直到过了流产期,可能预防。

预防:

1. 加强营养,提高母牛的抗病力。提高孕母牛正常妊娠能力。

2. 妊娠期适当运动。

3. 注意妊娠牛的管理,不要拥挤,避免各种外力撞击,更不能对牛实施踢、打等暴力行为。

4. 妊娠期避免长途运输。

5. 兽医或畜主用药时小心,不要造成药物性流产。如地塞米松是常用药,但不能用于孕母牛,地塞米松会引发孕母牛流产。现在常用于人工引产。

治疗:

1. 当出现流产征兆时,以安胎、保胎为治则,用黄体酮肌肉注射,每次 50 ~ 100 毫克,每日一次,连用 3 ~ 5 次。也可用 1% 硫酸阿托品、1 ~ 3 毫升肌肉注射,或 3 ~ 5 毫升肌注。

给镇定剂:如溴剂,(安溴)氯丙嗪,为制止阵缩及努责可静注 5% 水合氯醛注射液 200 毫升,或口服水合氯醛 15 ~ 30 克。

注射用绒促性素(I)肌注,牛 1000 ~ 5000 单位(用于奶牛习惯性流产)。

中药治疗用补气、养血、固肾、清热安胎之药。

白术安胎散:

白术 50 克、当归 60 克、川芎 30 克、党参 30 克、甘草 15 克、砂仁 30 克、熟地 20 克、陈皮 40 克、紫苏 40 克、阿胶 30 克、生姜三片为引。共为末,开水冲调,候温灌服。如胎动漏血时加茜草炭 35 克、海保胎无忧方螵蛸 26 克。

当归 75 克、川芎 40 克、炒白芍 25 克、生芪 50 克、炙草 25 克、炒艾叶 50 克、贝母 25 克、芥穗 40 克、羌活 25 克、厚朴 50 克、炒枳壳 30 克、菟丝子 50 克、生姜三片。

肾虚的胎动不安加黑杜仲 75 克、续断 75 克、故纸 50 克。补肾元以固胎。

泰山磐石散加减:

党参60克、黄芪30克、白术30克、当归20克、白芍18克、熟地25克、续断30克、桑寄生25克、杜仲25克、菟丝子30克、补骨脂30克、黄芩30克、乌贼骨30克,共为末,开水冲服。

2. 如胎儿已死或胎儿已进入产道,或流出的分泌物变成红色或褐色。经检查,子宫颈口已开,此时不再采取保胎措施,应当尽快将死胎取出。在取胎前注入0.1%高锰酸钾水溶液进行消毒清洗、然后注入石蜡油,伸进手去摸清楚胎位胎势,以及胎儿大小,如无大阻力可及时将死胎拉出。如胎儿大、胎位不正,可行截胎术。此种情况多出现在母牛腹部受外力撞击或长途运输以后发生。

3. 虽有分娩征兆,起卧不安,阴道流出黏液,直检时胎儿已死或已进入盆腔,但子宫颈口紧闭,此时应注射雌激素,使子宫颈张开,将胎儿娩出或取出。一般注射一次不会在短期内奏效,有时要三次,二天以上。

4. 如母牛在妊娠中后期妊娠表现停止,腹围缩小,乳房无变化,有时母牛也无全身病状,食欲无变化,经过一段时间,畜主会发现,妊娠无进展,通过直肠检查会发现子宫体积缩小、内容与妊娠月龄不相符,此时可能胎儿干尸化,或软组织溶解,或腐败气肿。发现这些情况要进一步确诊。

如阴道检查子宫颈口不开,应肌注乙烯雌酚,并注射垂体后叶素10毫升,每天三次。待子宫颈张开时,再伸手慢慢扩大子宫颈,然后灌入0.1%高锰酸钾。术者戴上长臂手套,伸进手去取出干尸、碎骨、腐败胎儿等。必要时先注入500~1000毫升液状石蜡起润滑作用。

取出后,用温的生理盐水冲洗,并将洗液排出,放入土霉素粉5~10克或青霉素1200万单位、链霉素5克。或先用0.2%高锰酸钾溶液反复冲洗,排液后再放入土霉素等抗菌药,以及露它净、宫得康、洗必泰栓剂等,内服生化汤两剂。

加味生化汤方:

党参60克、黄芪50克、当归90克、川芎25克、桃仁30克、益母草25克、炮姜20克、甘草15克。体温升高者加黄芩、双花、连翘各30克。或者肌注前列腺素5毫克,2~3天后注射苯甲酸雌二醇20~30毫克,必要时经6~12小时注射第二次,如宫颈已开张,注射催产素50~100万单位,以排出干尸或胎骨。如排出有难度可伸进手取出。如前所述冲洗后把冲洗液全部导出再放消炎药。

第四节　传染性疾病所致奶牛流产

传染病所引发的流产有两种,一种是微生物直接作用于母牛生殖器官和胎儿引发流产;另一种流产是该传染病的一个症状。下面分别叙述。

一、新孢子虫病引发流产

新孢子虫病是由犬新孢子虫引起多种家畜孕畜流产或死胎,以及新生儿运动障碍和神经系统疾病的一种原虫病。给养牛造成巨大经济损失。

新孢子虫寄生于犬、绵羊、山羊、牛、马、鹿等。它的寄生部位是中枢神经系统、肌肉、肝、脑及其他内脏器官。胎盘感染是唯一的感染途径。在胎儿的肌肉、肺呼出物、皮肤脓泡、渗出物等活组织中均可检查到新孢子虫。本病分布于世界各地。

病原体：

分类：1995 年应用随机扩增多态性 DNA（RAPD）法比较新孢子虫、弓形虫和住肉孢子虫的基因多形性，结果证明新孢子虫的基因是独特的。因而根据上述分子生物学研究结果。认定新孢子虫属于顶腹门、孢子虫纲、球虫亚纲、真球虫目。

病原体形态特征是在它的生活史中有三种形态类型：即速殖子、组织包囊和卵囊。它们的形态和寄生部位不同，大小、抵抗力都不同。

关于新孢子虫的形态、生活史、抵抗力等，暂不详述。

牛的症状：

患牛四肢无力、四肢弯曲、关节拘谨、后肢麻痹、运动失调、头部震颤、头盖骨变形 、眼睑反射迟钝、角膜轻度浑浊。孕畜发生流产、死胎。即使产下也是体质虚弱，在胎儿期已感染新孢子虫，当发育到成年牛时感染可能消除或恶化，或转为隐性感染，当妊娠时将新孢子虫经胎盘传给胎儿。根据世界各地调查资料，流产是主要病症，一个牛可以反复发生流产。

犊牛的病变为小脑发育不全、脑膜脑炎、脊髓炎、脊髓中灰质少，形成灶性空洞，在病变中可以找到新孢子虫组织包囊。心肌炎比较严重，心肌的单核细胞中有大量速殖子。胎盘绒毛层的绒毛坏死，并有虫体病灶。

诊断：

1. 临床症状：有孕母牛流产，犊牛瘫痪，特别是在一群（一村）或多群（多村）的牛发生类似症状即可怀疑新孢子虫病。

2. 组织学检查：利用电镜技术进行检查。

3. 免疫组织化验法。

4. 间接荧光抗体试验。

5. 酶联免疫吸附试验。

6. 多聚酶链反应。

防治：

1. 淘汰病牛是消灭、防治本病的一项重要措施。

2. 药物治疗。

在新孢子虫病早期试用甲氧苄胺嘧啶和乙胺嘧啶等抗弓形虫药治疗。

磺胺嘧啶和甲氧苄胺嘧啶合剂，以 15 毫克/千克体重，每日给药两次，同时用乙胺嘧啶 1 毫克/千克体重治疗一次，4 周后麻痹症状消失。以 150 毫克/千克体重的剂量肌注磷酸克林霉素 24 天。

磺胺类药物，离子载体抗生素如拉沙里霉素、马杜拉霉素、莫能菌素、盐霉素、放线菌素等，人环内酯类，四环素类体外都有杀虫效力。

二、莱姆病引发奶牛流产

莱姆病是新发现的一种人畜共患病。病原体是伯氏疏螺旋体通常以硬蜱为传播媒介。1975 年，在美国康涅狄克州莱姆镇发现一种儿童中罹病的特殊的关节炎，炎症多发于膝关节，表现发热、肿胀、疼痛。由于最初在莱姆镇发现故名莱姆病。

以后证实它的病原是疏螺旋体。该螺旋体对人可引起皮肤游走性红斑和慢性关节炎症状，还可致心脏、神经系统一系列严重的全身症状。对动物可以引起发热、跛行、神经机能障碍、流产、死胎等病症。莱姆病在世界各地均有发生，其存在的广泛性、复杂性和严重性引起了各国的极大关注。近年来通过调查，发现我国感染率高达 11.28%。

病原：

伯氏疏螺旋体主要分布于硬蜱的中肠，偶见于后肠和直肠，革兰氏阳性，菌体由原浆圆柱体组成，外部是细胞膜，并有鞭毛和外膜,长 20 ~30 微米,直径 0.2 ~0.3 微米,末端较尖有 7 ~10 根鞭毛。培养最适温度是 33℃,微需氧。

伯氏疏螺旋体致少有 30 种不同的蛋白质。

传播媒介是硬蜱,各国寄住的硬蜱种类不一样,我国主要是嗜群血蜱、长角血蜱和全沟硬蜱。

宿主动物主要是鼠、棕熊、鹿及某些小型哺乳动物,特别是啮齿类。马、牛、羊、兔等可以感染发病。

流行特点:

该病的流行与硬蜱的生长活动密切相关,有明显的地区性、季节性。一般是 5 月开始到 11 月结束。也就是硬蜱活动的季节。

发病机制:

感染了疏螺旋体的硬蜱,在叮咬人或动物时,将病原体随唾液注入人或动物体内。病原体在皮肤局部形成红斑,由于动物被毛的覆盖一般不被发现。引起发热等轻微的全身症状及淋巴肿。侵入机体的螺旋体在数周或数日内通过血液,淋巴液散布到全身各处,随着侵害的程度或时间长短出现皮肤、心脏、肌肉、神经和眼各部的特殊症状。在人感染时间长了,常以慢性关节炎为主要表现。

症状:

牛在患病时发热、动作机械(不灵活),慢性体重减轻,产奶量下降,趾间和乳房出现红斑,关节肿大,蹄叶发炎,妊娠牛发生流产。可以从血尿、关节液、肺、肝中检出伯氏疏螺旋体。

诊断:

从流行病学、临床症状等进行初步判断,主要是检出病原体,进行确诊,此病一但确诊就要考虑该地区的流行情况。

诊断方法有:

①病原检查及分离培养。

②免疫学检查,主要是查血清中有无伯氏疏螺旋体特异性抗体。

③诊断性治疗。

据调查,我国人群中感染率很高,已引起重视。1996 年以来,在全国重点省区设立了调查点,并分别收集了大量人、畜血清,进行血清学、流行病学调查,同时研制了马、牛、羊、狗、鹿 ELISA 和 Western blot 诊断试剂盒,大规模的流行病学、病原学,分子生物学研究已全面展开。

治疗:

治疗药物主要是各种抗生素。

据试验,四环素高度敏感,青霉素中度敏感,氨苄青霉、头孢三嗪及亚胺硫霉素也高度有效,氯霉素和苯唑青霉素钠仅中度有效,氨卞苷类、利福平和环丙沙星无效。

治疗原则:

(一)要选择有效的治疗药物坚持一段时间,如青霉素和红霉素合用,或用大剂量青霉素,或用头孢三嗪静滴,14 日为一疗程,头孢三嗪疗效可达 88%。

(二)要早治。早期治疗效果更好。病程的晚期用药往往无效。

(三)剂量要大,保证血液中有足够的浓度。

(四)每日用药一次,症状缓解后还要继续用药,以巩固疗效。

防治:

1. 查明病原,注意防护,尤其畜牧兽医工作者更要做好自我防护。

2. 杀灭蜱:甲基氨甲酸萘脂和苄胺菊脂等是较好的杀虫剂。

3. 人和动物防护还可使用驱避剂间苯甲酰二乙胺。

4. 据试验,若虫或成虫叮咬吸血时间决不能超过 24 小时,叮咬时间越长发病率越高,所以在流行地区每天检查清除牛体表的硬蜱,可以有效地防止感染。

硬蜱俗称草鳖。

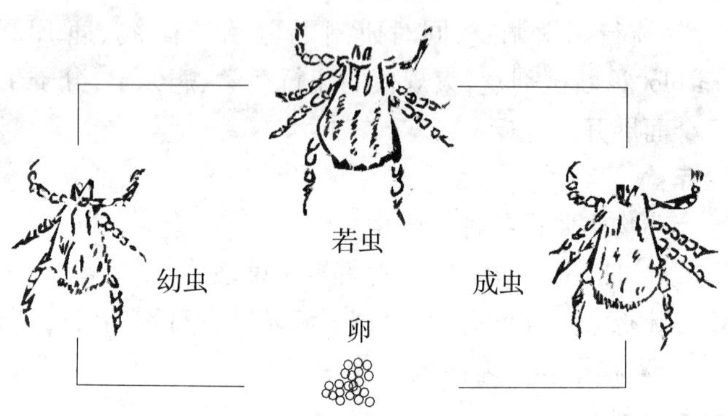

图 2–1　一个世代发育过程

图 2 – 2　一宿主蜱

三、布氏杆菌病引发流产

本病是由布氏杆菌引起人、畜共患的地方流行性传染病。主要危害生殖系统，使病畜发生传染性流产为主要临床特征性疾病。世界各地均有发生。

病原：

布氏杆菌属，分羊布氏杆菌、牛布氏杆菌、猪布氏杆菌三种，每个种又分为若干生物型，如牛有9个亚型。近年又发现沙鼠布氏杆菌、绵羊布氏杆菌和犬布氏杆菌等。

各型在形态上没有明显区别，都是细小球杆菌，大小为1～2×0.5微米，无鞭毛，不能运动，不形成芽孢，在条件不利时可形成荚膜。革兰氏染色阴性。本菌为需氧兼性厌氧菌。布氏杆菌有高度侵袭力和扩散力，它可以通过正常或破损的皮肤、黏膜侵入机体。它不产生外毒素，主要由内毒素致病。

流行特点：

1. 多种畜禽对布氏杆菌有易感性，猪、牛、羊主要由各对应型布氏杆菌感染，三型都可感染人。

2. 母畜较公畜易感，幼龄家畜对本病有抗感染力，性成熟后对本病原敏感。

3. 病畜和带菌者是主要传染源，家畜感染本病后有一段时间在血流中，很快定位于它最适宜的组织器官中，并不定期地随乳汁、精液、特别是流产胎儿、胎衣、羊水、子宫和阴道分泌物中大量排菌。因此当给牛接产助产时最易受到感染。当接产时，特别是处理流产母牛胎儿时要注意防护，避免受感染。

4. 被带有布氏杆菌的排泄物污染的饲草料饮水工具都可传播。当人喝了病畜奶，接触了羊毛、羊皮都可受传染。羊型布氏杆菌对人的感染力大于牛型布氏杆菌。

5. 人在接产时(包括正产)要加强自我防护。戴上一次性长臂手套。

症状:

病菌经常从消化道进入体内,大部分被吞噬细胞消灭,有的侵入淋巴结内繁殖。本病潜伏期长短不一,多则半年、少则两周。多数病例为隐性传染,不发生明显的临床症状。早期有体温升高,但升高幅度不大,患畜症状表现轻微,不易被人发现。

孕母牛常在怀孕 6 ~ 8 个月时发生流产,有时产出死胎或孱弱犊。流产后排出污秽的灰色、棕色恶漏,甚至子宫积脓长期不愈、不孕。多数患牛发生胎衣不下、子宫内膜炎,阴道内长期流出污红色排泄物或脓汁。

乳腺往往同时患病,乳量和乳糖含量减少,而接触酶和体细胞含量增加;有的发生严重的乳房炎,乳房肿胀、乳汁带凝乳块,成为黄色液状。严重者丧失泌乳力。

也有伴发关节炎、关节肿痛、跛行,皮下可能有脓肿。

公牛主要表现睾丸和附睾炎。

人的布病症状大体与牛羊相似,如睾丸炎、关节痛。根据病菌侵入部位不同会发生不同的症候。有一位兽医曾因患布氏杆菌性脑炎而致死。

本病是一种慢性病,经过时间长、危害大,是公共卫生的一大难题。

大多数布病母牛流产后可以再受孕,但也有长期不孕牛。多数只发生一次流产,重复流产牛少。奶农受骗,以为好了。此时要做凝集反应证明其是布病阳性还是阴性。

病理变化:

胎衣呈黄色冻胶样浸润,有的部分覆有纤维蛋白或脓汁。胎儿真胃内有白色或微黄色黏液和絮状物，胃肠膀胱的黏膜和浆膜上有出血点，胎儿淋巴结、脾、肝脏有不同程度的肿大，散有炎性坏死灶。

诊断：

（一）血清学诊断方法：

1. 血清凝集试验：虎红平板凝集试验，准确率很高。试管凝集试验也常用。

2. 全血平板凝集试验。

3. 补体结合反应。

4. 乳汁环状反应。

5. 阴道黏液凝集试验。

6. 变态反应。

7. 酶联免疫吸附试验快速检测。

（二）细菌学检查、细菌培养、镜检。

（三）动物接种。

ELISA（酶联免疫吸附试验）是免疫诊断学中的一项新技术，现已成为应用于多种病原微生物所引起的传染病，寄生虫病及非传染病等多方面的免疫诊断。ELISA 不仅可以用来测定抗体而且可以用来测定体液中的循环抗原，是一种早期诊断的好方法。

目前在实际普查和监测中只用虎红平板凝集反应即可。快速、准确率高。对疑似阳性牛再用试管凝集试验确诊。

防制措施：

（一）消灭传染源

1. 对本地区的牛（奶牛、黄牛、肉牛）每年定期检疫，检出阳性牛做无害化处理，消毒深埋。

2. 凡从外地购牛，一定要先检疫，后购入；对查出布病阳性牛一律不能购入,以免成为本地区的传染源。

3. 患布氏杆菌病的人不能饲养奶牛,更不能挤奶。患布病的奶牛饲养户首先是做好自身检查,饲养员如果确诊是布病患者或带菌者要离开奶牛场,进行治疗。待补体结合反应转阴后,过一段时间方可进入饲养基地。

布病是人牛可以互相传播的人畜共患病。

(二)切断传播途径

1. 如果查出布病阳性牛,把病牛无害化处理后,对病牛所污染接触过的地方、工具、饲槽都要用火碱(1% ~3%)做全面消毒。

2. 对有不明原因流产牛要及时消毒深埋,包括胎衣、死胎及其他分泌物、排泄物。并用来苏水或新洁尔灭液对其环境、后躯、乳房做全面消毒。并及时报有关部门进行布病检疫。如确诊为布病患牛,要及时隔离饲养做无害化处理。

3. 把好检疫关,严禁无证家畜进入本地区,如果是疫区,输出的牛一定检疫,证明是健康牛方可输出。

(三)加强饲养管理,提高奶牛抗病力

1. 对奶牛要进行标准化饲养,保证营养全面、合理,提高机体自身抗御疾病的能力。

2. 定期免疫。目前,用于牛羊布病免疫疫苗有:

(1)猪布氏杆菌2号苗(S2株)。该苗毒力稳定、使用安全、免疫效果好。用于猪牛羊的免疫接种,可用于注射、口服、饮水等免疫方法。免疫期牛为2~3年。是免疫谱最广的。

(2)布氏杆菌羊5号弱毒苗(M5株)。用生理盐水将菌苗稀释成每毫升含菌100亿个的稀释液,牛颈部皮下注射。免疫期一年。本疫苗免疫原性好、残余毒力低,可用于注射、口服、气雾等方法进行免疫。但疫苗对孕母牛、泌乳牛及体弱牛有一定免疫接种反应。对人有一定的致病力,使用时注意防护。

(3)布氏杆菌牛19号弱毒苗,对妊娠牛、体弱牛均可注射,免疫期一年。也可进行饮水免疫。19号苗只适用于牛。

按国家规定,种用和乳用牛禁止免疫。一经检疫证明是布病阳性牛,即扑杀深埋。

(四)培养健康犊牛

病牛产前产后对牛体和环境彻底消毒。对所生犊牛立即隔离。吃了3天初乳以后,喂健康牛奶,6月龄后检疫2次,确认为布病阴性犊,可以进行人工免疫,归入健康牛群。到配种年龄用无病公牛精液配种。或产后立即隔离,吃5~7天母亲初乳,以后喂健康牛奶。一年内检疫两次,如都是阴性,可放入健康牛群,阳性者淘汰。

(五)治疗病牛

按目前规定对病牛、流产牛、阳性牛作无害化处理,消毒深埋的规定执行。

但在必要时,如产能高、品种好等特殊原因,可以考虑隔离治疗。对布病以磺胺类药和某些抗生素为主,如庆达、卡那、氯霉素、链霉素等较敏感抗生素。

对流产后母牛患胎衣滞留、子宫内膜炎可参照本书相应疾病治疗方法治疗。但应做虎红平板凝集试验,如确诊为布病阳性牛按政策动员畜主淘汰、消毒、深埋。

中药用益母草散治疗。

方剂:益母草50克、黄芩30克、川芎25克、当归25克、熟地25克、白术25克、双花25克、连翘25克、白芍25克。共为末,开水冲,候温灌服。

现在有的地方定为布病消原灭点阶段。应根据当地政策规定实施。

应用布病 S2 苗预防布病,不造成血清长期呈阳性反应,不影响 6 个月后检疫。口服 S2 苗每两年进行一次。

做好消毒工作,切断传播途径。

布氏杆菌对消毒药抵抗力不强,0.1% 升汞、1% 来苏儿、2% 石碳酸、2% 福尔马林、2% 苛性钠、0.1% 新洁尔灭均可杀死布氏杆菌。平时对饲养环境、栏、舍、用具定期消毒。发生疫情时加强消毒,对被污染的环境、畜舍、用具、运输工具彻底消毒,病畜、流产胎儿、胎衣、病畜分泌物、垫草都要销毁处理。目前常用二氯异氰脲酸钠(强力消毒灵)(优力消毒剂)对畜舍、畜栏、器具进行消毒,常用 1:100 或 1:200 水溶液,浸泡器具;消毒种蛋 1:400 水溶液。

加强技术培训,提高专业队伍的科技水平,大力推广新技术、新产品。提高养殖户的科技意识,宣传防病知识。

当发生该病时及时采取隔离、扑灭、销毁、消毒、紧急免疫接种、限制易感动物出入等强制措施,迅速扑灭疫情。

(六)平时可以使用疫苗免疫防止布病感染

在使用这些疫苗时,先对牛群进行检疫、淘汰或隔离阳性牛,对阴性牛进行免疫接种。也可不检疫直接对牛群进行免疫接种,用猪 2 号或羊 5 号疫苗,对牛进行全群免疫,每年一次,连续免疫三年,停止免疫,对牛群进行检疫监测可以很好地控制布病流行。

(七)检疫净化

对病牛群进行反复多次检疫,淘汰临床病牛,阳性牛可隔离饲养,继续利用,逐步淘汰。阴性牛继续检疫,直至全群牛全部均为阴性,视为健康牛群。检出的病牛,应立即淘汰,而血清学检验阳性牛应固定地点隔离饲养,避免与健康牛群接触。利用产品按规定消毒处理,培养健康犊牛。

最近几年我区对布病采取消原灭点措施,凡检出布病阳性的羊、牛,一律消毒、扑杀深埋,作无害化处理。

(八)病牛处理

有布氏杆菌临床症状的牛应立即淘汰,对数量少,利用价值不大的布病阳性牛也要淘汰。

加强消毒和卫生措施,对被污染了的牛舍、运动场、水槽、奶具等要及时消毒,特别是产房,要严格消毒,对流产胎儿、胎衣、阴道分泌物应经消毒后深埋。粪便垫草要烧毁。

本菌是细胞内寄生,应用抗生素很难治愈,治愈后仍为带菌者,仍可向外排菌。在体质下降,抵抗力降低时发病。因此其治疗意义不大,主要以防治为主,以扑杀阳性牛、消灭传染源为主。

病牛群经过以上综合防治措施后,如牛群中无临床流产症状发生的牛,连续三次血清学检查无阳性可视为健康牛群(场)以后应定期抽查。杜绝引入病牛。平时做好兽医卫生检疫、监测工作,保证牛群持续为无布病健康牛群。

(九)无病地区预防措施

1. 坚持自繁自养。

2. 每年对牛群进行检疫和布病监测。

3. 发现流产原因不明的病畜,立即隔离检查。对于污染物和排泄物彻底消毒处理。

在1999年以后由于奶牛在全国范围内流动,特别是奶牛价格大幅攀升,有些场和个人对慢性病牛不严加控制,流入市场,流向全国各地,使布病等慢性传染病有上升的趋势。购牛者也要重视这一问题。

四、弧菌病流产

弧菌病是由胎弧菌感染引起的牛和绵羊的生殖道传染病,主要造成奶牛流产和不孕。

有报告称,我国昌江县由空肠弧菌引发一次牛弧菌性痢疾流行。与胎弯曲菌胎亚种相关的弯曲菌肠亚种和空肠亚种,虽然肠亚种有时可引起牛流产,但都不介入牛的性病。

病原:

弧菌又称弯曲菌、胎螺菌,长4~5微米,宽0.2~0.3微米,为逗点形或S型的小细菌,革兰氏染色阴性。在菌体一端或两端带有一根短鞭毛,以螺旋运动方式活动。

弧菌为微需氧菌,在含有10% CO_2 的情况下并在血清琼脂、血液琼脂上才能生长。

流行病学:

自然感染是由公牛配种传播的,胎弧菌存在于公牛阴茎包囊中。在人工受精时也可传递。母牛在交配中被感染,大约10天左右胎弧菌侵入子宫,再侵入输卵管,并在子宫、卵巢中繁殖,引起炎症和卵巢囊肿。

在配种时带入阴道子宫颈部的细菌,在妊娠早期不能定殖,这是由于在发情过程中子宫内出现大量的嗜中性白细胞所致,到妊娠后期当嗜中性白细胞减少后才殖入子宫,开始在局部出现免疫反应,在局部合成IgA、IgG、IgM,所以能在第二次感染时局部出现记忆免疫反应。因此在第一次发病流产隔一段时间还能发情、受孕。

症状:

母牛病初阴道呈卡他性炎症,黏液分泌增加,有时持续3~4个月。黏液清澈。偶有浑浊。阴道黏膜呈红色,子宫颈部分较明显。有子宫内膜炎。由于母牛生殖道的炎症,往往胎儿早死则被吸收,表现是没有受孕,胎儿晚死、则发生流产。流产常发生在4~6个月。流产率5%~20%。

流产后常见胎衣不下。被感染的牛发情周期不规则,经过多次输精才能妊娠。以前耐过的母牛获得一定的免疫力,可以正常配种分娩。

诊断:

有人曾用血清凝集试验、子宫颈黏液凝集试验、荧光抗体试验诊断本病,因为本病不是全身性疾病,在血流中出现的抗体很少,所以血清凝集试验在诊断胎弧菌中不是很可靠。宫颈黏液凝集试验,虽被广泛采用但常出现假阳性,而且它的阳性出现与发情周期、时段有关。黏液出现试验阳性大约在感染后 60 天阳性效价持续 7 个月。发情时凝集素被黏液稀释,出现假阴性,后期又会出现假阳性。因此比较准确的诊断方法还是直接检菌。但弧菌在阴道中有的是正常存在的菌。还必须做培养鉴定。

主要鉴别点是胎弧菌在培养中不产生硫化氢,接触酶试验阴性。

取病料可取出胎儿胃内容物涂片检查。

治疗:

对流产母牛、胎衣不下牛可按子宫内膜炎常规方法治疗,应用各种抗菌素治疗,如用金霉素 500 毫克溶于丙二醇 10 毫升中,或将链霉素 1 克加入 15 毫升水中,注入子宫。也可用直肠内宫颈把握法把油剂青霉素 10 万单位、链霉菌 50 毫克(悬浮在 50 毫升液体石蜡中)注入子宫。治疗后隔一个情期再配种。

对公牛也是在阴茎局部上药治疗。治疗时用奴佛卡因作硬膜外麻醉将抗生素类药膏除于阴茎和包皮上。

人工受精配种时在精液中加入青霉素,冷配时可先行放入青霉素再输精。

本病一般只用抗生素等抗菌药局部治疗。

预防：

国外一般在本疫区采用疫苗注射法进行防治。我们建议，目前奶牛以冷冻优良公牛精液输精为主，可以淘汰不具有优良性能的公牛，杜绝自然交配。

如果是疫区人工输精时，要消毒输精工具，或用一次性输精器材。以防人工传递，同时在输精前后向子宫内注入青霉素，建议每次不少于400~800万单位。

五、奶牛流行热流产

奶牛流行热也叫三日热，或称牛暂时热，是由流行热病毒引起奶牛急性热性传染病。其特征为突然高热、呼吸迫促、流泪、有泡沫样流涎、鼻漏、后躯活动不灵活。妊娠母牛患病发生流产、死胎，本病常为良性经过。呈周期性流行，在我国南方东北等吸血昆虫，如库蠓、蚊子多的地区多发。

防治：

这种病有严格的季节性，因此在流行季节到来之前只要做好疫苗接种，就能达到预防本病的目的。

本病尚无特效治疗药物，一般以对症治疗为主。预防上坚持早发现、早隔离、早治疗的原则，对周围环境进行清洁，并消灭蚊蝇以减少疾病的传播是预防本病的有效方法。

六、奶牛衣原体病流产

1993年发现于英国，临床症状为产乳量突降，妊娠后期（7~8个月）流产、流涕、咳嗽。已分离出鹦鹉热衣原体，但尚未证明其作用。

病原体：

衣原体为一类专性细胞内寄生微生物，有一个长期发育周期，是革兰氏染色阴或阳性传染性原生小体。衣原体目依据其表型、形态学和遗传学特性分为衣原体科，衣原体属，已知的种有沙眼衣原体、鹦鹉热衣原体（Chlamydia psittaci）、肺炎衣原体和反刍动物衣原体。

衣原体可以致多种畜禽发生多种疾病，据美国人用先进的序列和系统发育分析、标记序列鉴定，PEGE 和 southern 印记分析对衣原体目成员进行详细地研究并重新分类，将衣原体目下设 4 个科。流产嗜性衣原体主要引起流产或产弱犊。

在治疗方面不同的衣原体对药物敏感性不一，如沙眼衣原体对磺胺嘧啶和四环素敏感，而猪衣原体对磺胺嘧啶和四环素有抗药性。

奶牛衣原体所致奶牛流产在我国已有报道。

临床症状：

流产后奶牛胎衣不下的占 41%。流产胎儿剖解见颌下，前后肢皮下组织均成红色胶胨样水肿，胸腔、腹腔、四胃充满血样液体，心包、肾囊内充满红色液体，脾脏淤血、肿大，肝脏无明显肉眼变化。

衣原体间接血凝试验结果阳性率平均高达 53.7%，在检查中，头胎牛占总阳性数的 27.6%，说明头胎牛较成年牛感染率高。

第 1～2 胎牛怀孕 4～7 个月时是流产高峰。

七、弓形体病流产

弓形体是世界性分布人、畜共患的细胞内寄生虫病，它给人类健康和畜牧业发展带来很大危害，因此引起人们普遍的关注。

病原：

弓形体为细胞内寄生虫，根据其发育阶段的不同分为五型，在中间畜主体内有滋养体和包囊，在终末畜主体内有裂殖体、配子体和卵囊。

滋养体存在于急性期腹腔渗出液中,散在单个或成对。呈香蕉形、半月形或弓形。用姬母萨或瑞氏染色,胞浆呈浅蓝色、有颗粒,核呈深蓝紫色,偏于钝圆一端。

包囊见于慢性期的脑、肌肉、视网膜及心肺、肝、肾中,呈卵圆形,有较厚的囊膜。

裂殖体:在猫的肠细胞内进行无性繁殖时,一个裂殖体可发育形成许多裂殖体。

卵囊:随猫粪排至外界,呈卵圆形,有双层囊壁,成熟的卵囊内含有两个孢子囊、每个孢子囊中含有 4 个孢子体。卵囊的抵抗力较强。在外界环境中能存活 100 天,但对热和低温抵抗力不强,氨水是较好的杀灭剂。

生活史:

1. 在猫的体内发育:猫吞食了含有弓形体的动物组织或发育成熟的卵囊之后,滋养体或子孢子进入猫的消化道,并侵入肠上皮细胞开始裂殖生殖,转化为配子体进行配子生殖,最后产生卵囊,随猫粪排出体外。在适宜的环境中,发育为感染性卵囊。

2. 在其他动物体内发育:滋养体通过消化道、呼吸道、眼结膜和皮肤侵入动物体内,主要是通过淋巴、血液循环侵入有核细胞,在胞浆内以出芽的方式进行无性繁殖,如果是毒力很强的虫株、宿主免疫力差,或其他因素的作用,可引起该病的急性发作,否则,该病发作缓慢或成为隐性感染。

流行病学:

猫是各种易感动物的传染源,其他感染动物的尸体、内脏、血液和卵中含有滋养体或包囊,均可传染本病。本病可通过消化道、呼吸道、眼、皮肤传染,也可经胎盘垂直传递,也可经针头水平传播。

人和动物对弓形体普遍易感，幼年动物更易感。人群感染率20% ~50%，有的地区高达95%。

本病一年四季均可发生。据青海省互助县调查山羊流产病原时，发现弓形体阳性率在流产母羊中占32.6%。

症状：

自然感染和人工感染症状基本相同。人工感染潜伏期3 ~7天。

病初体温升高、高热稽留，表现贫血、腹泻或便秘、食欲减退，最后废绝，呼吸困难、有时咳嗽、体表淋巴结肿大。身体下部及耳部出现淤血斑。

妊娠母猪、母羊、母牛多产死胎、弱胎、流产。

青、链霉素治疗无效。

病理变化：

全身淋巴结肿大、充血、出血，肺出血，肝、脾、肾有点状出血和灰白色坏死灶；胃底部出血、有溃疡，主要病理组织学变化为局灶性、坏死性肝炎和淋巴结炎；非化脓性脑膜炎、肺水肿和间质性肺炎，肺脏暗红色、稍肿大，间质增宽、呈半透明状，切面流出稍带气泡的液体。肝表面有云雾状白斑，心包液增多。胸腹腔积液，呈红褐色。小肠黏膜出血，肠内空虚。

弓形虫及其毒素对宿主细胞有广泛的毒害作用。淋巴器官中以脾脏的病变更明显，淋巴细胞数量明显减少，尤其是T淋巴细胞和B淋巴细胞，受到弓形虫损害，导致免疫抑制。由于免疫系统受到破坏，动物免疫功能下降，会使其他传染病乘虚而入。

诊断：

流行病学和症状是诊断和疑似弓形虫病的第一步，真正的确诊需要通过实验室的方法。

1. 涂片直接镜检

淋巴结切面触片,用姬姆萨染色液二倍稀释染色 40 分钟,观察有无弓形体。

2. 免疫学诊断

①染色试验。原理:活的弓形体胞浆能被碱性美兰染成蓝色,当虫体受到特异性抗体和辅助因子(AF)共同作用后,虫体胞浆不再受碱性美兰着色。

②间接血凝试验。

③乳胶凝集试验。

④碳凝集试验。

⑤补体结合试验。

⑥免疫荧光试验。

⑦酶联免疫吸附试验(ELISA)。

⑧放射免疫试验。

最近市售弓形虫抗体快速检测试剂盒。购得后按说明操作,又称金标免疫检测法。金标法的敏感性高,操作简便,可以在 5 分钟内,出现你肉眼可见的结果。

治疗:

治疗弓形虫病首选磺胺嘧啶。

磺胺-6 甲氧嘧啶 100 毫克/千克体重,肌注或静注,首次剂量加倍,连用 4~5 天;或 75 毫克/千克体重,肌注一日两次,连用 5 天。

磺胺嘧啶 70 毫克/千克体重加磺胺增效剂(TMP)14 毫克/千克体重一日两次,口服,连用 5 天。

早期治疗效果较好,用药晚了,可使症状消失,但不能抑制虫体进入组织形成包囊,从而使病畜成为带虫者。

弓形虫病防治措施：

1. 畜舍保持清洁，定期消毒，消灭鼠类，严格阻断粪及其排泄物污染畜舍、饲草、饲料、饮水等。

2. 流产的胎儿及一切排出物，包括流产的现场必须严格消毒后清除。对因本病病死的可疑尸体严格销毁，防止污染环境。

3. 对流行地区可用胎盼兰预防注射。

4. 检疫人员检疫时，注意个人防护。

第五节　奶牛妊娠浮肿及乳房水肿

孕畜浮肿是指奶牛怀孕末期，一般是产前 10 ~ 15 天腹下、后肢、乳房发生水肿，有的可能蔓延到胸下或胸前。一般是均匀肿胀，有时在腹下有块状下垂或泡状下垂。触诊无热无痛，指压留有指痕，全身无变化，食欲、体温均正常。严重的后肢叉开，站立不能持久，起立困难，乳房、腹围下垂，有的下垂到跗关节以下，皮温稍低，无毛部分皮肤紧张而有光泽。

病因：

造成孕畜浮肿的因素，主要是怀孕期蛋白供应不足使血浆蛋白渗透压增加，阻止组织中水分进入血浆，破坏了血液与组织液的生理动态平衡，导致组织间隙水分潴留、下垂。

由于孕畜运动减少，特别是农村整天把牛栓在桩子上，运动极少是最易造成程度不同的乳房水肿和孕畜浮肿的因素之一。

怀孕期间新陈代谢旺盛、循环血量增加，使心肾负担加重。正常情况下经过自身调节会逐步适应，不会出现病态。但在营养不足,运动缺乏,心肾功能下降时,最易发生水肿。高产奶牛、老年奶牛更易发生,有的在产前20天开始出现后躯及乳房水肿。严重者可肿到阴门附近。

治疗:

孕牛乳房及后躯浮肿或水肿:轻症通过加强营养、改善管理、注意运动、适当限制饮水、减少多汁料和食盐可以在产后自愈。

重症者,给予强心、利尿、补肾、养血安胎的药物。孕母牛慎用利尿药,以防药物性流产。

处方1:20%安钠咖注射液10~20毫升,肌注。

处方2:外用樟脑酒精涂擦,或用硫酸镁10%以上的溶液,头几日冷敷,后改为热敷,或用蒲公英煎剂热敷。冷敷使微血管收缩,局部血容量下降,以控制浮肿,尤其适用于乳房水肿。冷敷和热敷都可促进微血管的血液回流,以减少局部血容。

处方3:中药疗法:

当归散:全当归25克、破故纸25克、血花20克、杭白芍20克、葫芦巴20克、南红花15克、自然铜20克、骨碎补20克、益母草20克、真虎骨15克,煎服。

白术安胎散:白术、当归、白芍、川断、香附、黄芩各30克,川芎、熟地、艾叶、杜仲、地榆各20克,陈皮、牡蛎各15克。煎服,可根据牛体大小酌情加减。病势急者可用此方。

如果乳房水肿下垂严重,可用布兜兜住,将绳子系在腰骨髋部,目的是防止乳房过度下垂,垂过跗关节产后乳房肿胀消失,但下垂的乳房上升不了多少。

预防:

本病以预防为主,治疗收效较慢,青年牛、营养状况良好的奶牛产后一般可以自行恢复。老年、体弱牛恢复很慢。

预防的方法：主要在干奶期加强营养，采用干奶期标准饲喂技术，特别要增强优质青干草、苜蓿干草的喂量；加强运动，最好是自由运动；牵蹓要缓慢，每天保持运动两个小时以上；促进消化、促进血液循环利于胎儿发育，每日至少刷拭牛体一次。

查明浮肿原因，是单纯的妊娠浮肿，还是有心衰、肾、肝功能不全疾病因素，对症予以防治。

奶牛妊娠浮肿，全身性的少见，或浮肿不明显，多数表现明显的是乳房及腹下、乳房周围浮肿，有的很严重。

乳房水肿发病原因：

1. 生理因素

在妊娠后期由于在盆腔中胎儿的压力，乳房静脉和淋巴液流出受到限制或淤积，而妊娠后期流入乳房的动脉血量增加、静脉压增高导致乳房水肿。

在接近产犊时，母牛血液中蛋白浓度尤其是球蛋白浓度降低，血管渗透压增加，患乳房水肿的可能性增加。

高产（日产 30 千克以上）奶牛大都在临产前有乳房水肿，如不很严重，指压不是很硬、奶牛健康状况良好，可视为生理性肿胀。不一定治疗，更不能进行乳房内治疗。

2. 营养因素

在分娩前喂多量高精料日粮（7 ~ 8 千克）会增加乳房水肿的发生率和严重程度。初产牛受产前高精料日粮的影响更大。

分娩前日粮中钠盐和钾盐和水的摄入量提高，会增加乳房水肿的发生率。

在分娩前 3 周开始饲喂添加氯化钙（日粮干物质的 1.5%）或三氯化钙（日粮干物质的 2.17%）能显著抑制乳房水肿。

由活性氧代谢产物引起的氧化应激在乳房水肿的发生上起作

用。如果饲喂带有黄曲霉素的饲料和缺乏抗氧化物引起组织损伤,易发生乳房水肿。

因此在妊娠牛饲料中添加足够量的维生素E(α-生育粉)、β-胡萝卜素和铜、锌、锰等微量元素,抑制过度氧化,能降低青年牛乳房的妊娠水肿。

治疗:

乳房水肿产前治愈率低。如果是生理性水肿,且肿胀不十分严重,在产犊后,随着泌乳生理的正常化,会自然消散。

严重的乳房水肿在产后往往会引发乳房炎。

所以在分娩前后可以肌注氨苄青霉素等抗菌药预防感染。或外用冷敷,肌注10%安钠咖20毫升促进血液循环,提高心脏功能,促进水肿消散。

在产前慎用激素和抗生素类药物,以防干扰分娩机制和分娩过程,以及产乳机制。

必要时采用中药治疗:

①仅脐后乳房浮肿,不热不痛,指压留痕,针刺出淡黄血水(一般不要针刺,以防感染后波及乳腺发炎)。饮食减退,尿少便溏、口黏苔腻、脉缓无力,属脾虚浮肿,一般症状较轻。

治法:白术60克、姜皮、陈皮、茯苓皮、大腹皮各34克,防已、泽泻各25克,党参50克,煎后灌服。

②肾虚妊娠浮肿,症状较重,水肿较重,舌苔色淡、苔白润、脉沉细(把尾跟动脉)。

治法:温阳利水。方用温阳利水汤:

茯苓、白芍、白术、生姜皮各33克,炮附子16克,当归、黄芪、泽泻各33克。

护理:每天牵溜、刷拭,以促进血液循环。

第六节　产前子宫扭转

产前子宫扭转常发生在妊娠后期，母牛出现阵发性腹痛、起卧不安、踢腹、食欲消失、反刍停止、腹部膨胀、体温正常、脉搏呼吸加快。

子宫扭转在临产发生时，母牛出现分娩预兆，有阵缩，但经久不见胎儿胎囊外露。此时要考虑产前子宫扭转。关于治疗详见"分娩期子宫扭转"。

由于牛子宫阔韧带不向马那样附着于腰下区，而是附着于肋腹壁的上部，附着缘在距髋关节水平位置的下方一掌宽处。里面含有平滑肌纤维，特别在韧带的前部肌纤维较多。圆韧带相当发达，延续到腹股沟管腹环的附近。这也是奶牛易发生子宫扭转的剖解学因素。简单说：奶牛的子宫角前端有部分处于游离状态，因动力等因素易发生扭转。

母牛妊娠的维持主要靠黄体中的孕酮。分娩是一个复杂现象，除激素作用外，子宫本身的膨胀的程度是引起分娩的关键因素。其中松弛素使骨盆松弛，使子宫颈扩张。此时产生催产素，形成一系列分娩过程。

如果内分泌激素不够协调，某一环节发生问题，或有外力因素，如推、跌等会使孕子宫发生不同程度的扭转。

第七节　围产期奶牛胎水过多(子宫积水)

胎水过多的原因:

奶牛胎水过多的真正原因不很清楚,与奶牛的心肾疾病,子宫内膜的变性、坏死等因素有关。

据报道,胎水过多与维生素 A 或 A 元严重缺乏有直接关系。

奶牛胎水的正常量,羊水约 1.1~5.0 升,尿囊水约为 3.5~15 升,胎水过多时,胎水总量大大超过正常数,最高达 80~100 千克。

胎水过多的临床症状:

主要是左右下腹部明显膨大向两侧扩张。腹壁紧张,背部凹陷。用手推动腹部感到波动,有液体存在,甚至有击水声。此时病畜行动困难,站立时四肢外展,如果卧下发生压迫性呼吸困难,而不愿卧下。

体温无变化,心跳加快,有时卧下起不来发生瘫痪,时间长了,病情恶化,食欲下降、消瘦。

直检时感到腹压升高,子宫内液体波动明显。

子宫积水约 10% 是羊膜积水,由胎儿疾病造成。母牛腹围是缓慢的进行性增大,呈梨形。但多数牛是尿囊积水,尿囊积水是由胎盘形成异常造成的。胎盘数相对减少。患牛腹围迅速扩大,后方观察呈扁圆形或圆形。直检时,羊膜积水可以摸到胎儿胎盘块,很难摸到子宫角,分娩或流产后排出的羊水是浓厚黏稠。尿囊积水时子宫角填满腹腔,胎儿和胎盘都可能摸不到,流产后尿囊水是大量水样漏出液。

子宫积水也见于妊娠早期或产后，产后积水会造成不孕。

治疗：

病势轻的可以给体积小营养丰富的饲料适当限制饮水，增加运动、强心利尿、减少液体潴积，维持到分娩。其他对症处理。

病势严重的，可以用前列腺素类药和地塞米松等引产。

肌注前列腺素（PGF2∂）30～40毫克。还可以同时肌注环戊丙酸雌二醇制剂（每日一次）以松弛子宫颈和生殖道。多数在24～48小时内产出。

严重者还可行剖腹产手术。

不管手术或引产放出胎水的速度要慢，以免腹压快速下降造成心衰或脑贫血死亡。

有报道称，胎水过多主要是饲草料缺乏维生素A或A元造成的，他们通过补饲胡萝卜解决这一问题。

奶牛胎水过多：

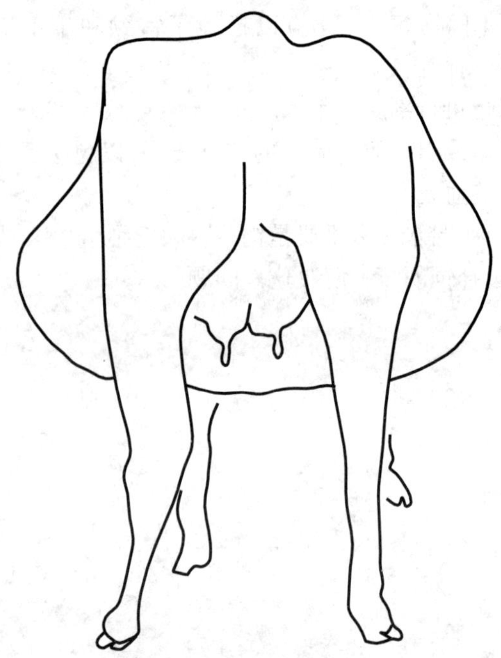

图 2－3　术前腹围肿大

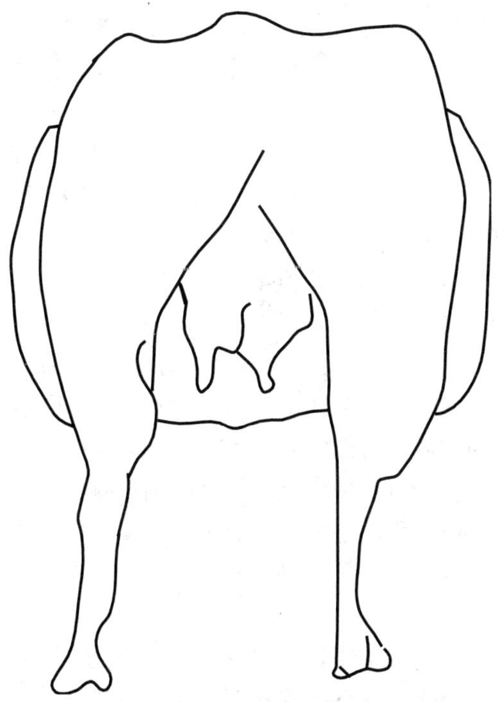

图 2－4　术后腹围缩小

第八节　围产期奶牛阴道脱及子宫脱

此病多见于产后,阴道壁一部或全部翻转形成套叠脱出于阴门之外,称阴道脱;子宫一部分或全部,翻转形成套叠脱出于阴门之外,称子宫脱。

阴道脱直接的原因是由于固定阴道的组织松弛腹内压增加,以及努责所致,子宫脱多出现在产后子宫肌肉紧张度下降和弛缓,加上产后努责过强以及一些外力因素造成。

阴道或子宫脱与饲料营养不全,运动不足,衰老体质虚弱,胎儿大、腹压大、助产时强拉硬拽等有直接关系。

它的症状比较明确好识别,不全脱时,当奶牛卧下从阴门里突出一个红色团状、袋状物,站立后自然回位,外面见不到异常。阴道全脱在分娩前后均可能发生。

阴道脱常见于过肥的牛,在奶牛妊娠后期雌激素水平升高,会加快加重生殖道后段的松弛而形成阴道脱。喂霉败的含有玉米赤霉烯酮、霉菌素可导致外阴肿胀、卵巢囊肿、乳房过早的发育和阴道脱。

产前全脱的阴道呈袋状,其末端凹陷内有子宫颈口,并有黏稠的子宫塞子。触诊往往可以感觉到胎儿的前腿。

子宫外脱是易于诊断的,但有时在产后,母牛发生子宫角套叠时表现不安、努责、摇尾,及时检查还会发现子宫角套叠于子宫内,如不及时治疗易发生浆膜粘连和顽固性子宫内膜炎而造成不孕症。

治疗：

阴道部分脱出，站起自动回缩的不必进行治疗，经过增加运动，卧位应前低后高，加强管理，在产后会自然恢复。

阴道全脱和子宫脱必须及时进行整复。

整复时最好是站立保定，后躯高，前驱低，有利于整复。先用0.05%高锰酸钾或0.1%新洁尔灭、百毒杀之类消毒液将外露部分洗净，将坏死组织和杂物除去，再用2%明矾水，0.1%高锰酸钾溶液或淡花椒水等收敛性药液冲洗、浸泡，如有伤口涂以碘石蜡油等，伤口大的要缝合止血、敷药。

如子宫水肿严重，可在清洗后在水肿部分撒上100～200克明矾，盖上四层纱布，挤压子宫。

脱出时间久了的子宫肿胀、水肿严重的，可先用小宽针刺破水肿部位，将水肿渗出液放掉一部分，然后用防风汤浸洗。洗后整复，或用冷明矾水压迫15分钟。

防风散：

防风50克、荆芥50克、花椒25克、白矾100克、苍术40克、艾叶15克，水煎去渣，候温浸洗。

手术整复：

1. 麻醉：为了便于整复，防止强力努责，可行硬膜外麻醉法，或后海穴注射，利多卡因10毫升，在荐椎尾椎间隙或第一第二尾椎间隙注药麻醉，或后海穴注射，可用2%奴佛卡因20毫升注入脱出局部作浸润麻醉，或肌注2%盐酸静松灵3～5毫升，不可超过5毫升（站立保定）。

具体操作时，往往先肌注静松灵，再行荐尾麻醉或交巢穴用15～20厘米长针头注入2%奴佛卡因20～150毫升。

2. 整复：先用0.1%高锰酸钾或0.05%新洁尔天溶液，把脱出部分清洗干净，整复时先用消毒纱布将洗净的脱出部分托起，用手将脱出阴道推入，再将子宫向阴门内推入。待全部推入阴门后，再用拳头将阴道推回原位。

如整复脱出子宫，先要将子宫摆正，再推送子宫，第一种方法是从子宫体开始一部分一部分的推送，直到全部送入腹腔为止。

第二种方法是用拳顶着子宫角末端，趁母牛不努责时小心推送，不管哪种方法，都要全部送入腹腔而且不能有套叠部分，如果手臂不够长可以拿一个装有温水的瓶子将子宫角顶展。充分翻转子宫角。

整复到原位后，放入金霉素或青霉素、链霉素等消炎药品。或放入洗必泰栓 4 ~6 粒，以促进子宫消水、消炎。为了防止子宫再脱出，用大号长形气球，深入阴道子宫，左手抓住已放入气球中的输液管与气球的夹口处，以防漏气，助手用100 毫升注射器注入适量空气，抽出输液胶管，扎紧气球口，抽出阴道中的手。其他消毒消炎输液措施按常规进行，5 日后取出气球。

难产时误用多次多量催产素导致母牛强烈努责，引发阴道脱出。此时无法伸入手臂助产，只好实行剖腹产，取出胎儿（多为死胎）内外结合整复阴道脱。

有人曾把孕牛放入 V 形槽内，后腿固定在架子上然后进行脱出阴道的整复。

中药治疗：

适应症为阴道脱、子宫脱，整复后需用中药补气补血。有的阴道脱久治不愈、经常反复，此时也需中药补气补血。也可在产前阴道脱不太严重时灌服两到三剂待产。

方用补中益气汤：

方药：黄芪 60 克、党参 60 克、当归 35 克、陈皮 25 克、白术 35

克、升麻25克、柴胡25克、炙草18克。

方解：当归补血，陈皮理气健脾，伍用少量升麻、柴胡对中气下陷诸症有一定疗效。

还可用四物汤、八珍汤、十全大补汤等补气补血的药剂。治疗产前产后疾病，可酌情使用。

四物汤：

熟地65克、白芍45克、当归65克、川芎24克。

八珍汤：

人参、茯苓、白术、甘草、熟地、白芍、当归、川芎。

十全大补汤：

八珍汤加黄芪、肉桂。

加减收宫养脏散：

炙黄芪65克、党参65克、沙参65克、丹参65克、蛇床子45克、焦香附33克、煅龙骨33克、锁阳25克、熟地100克、续断65克、骨碎补65克、焦白术33克、伏龙干45克、炒没药25克、黄精33克、白药子25克、黄药子25克、白芍33克、酒升麻33克、砂仁23克、炙草16克。

共为细末，开水冲后，候凉灌服，可服5~8剂。

冰块治疗法：

为防止整合后子宫再脱出，可将清洁的冰块送入患畜子宫内，冰块有消肿、止血、清洗和固脱作用。还可缩短母畜努责时间。

冰块要用井水、泉水等清洁水冻结。

冰块一般用量应为胎儿重量的30%为宜。

可于整复后先放入碾碎的土霉素片、呋喃唑酮100片等消炎药，然后再放入冰块。

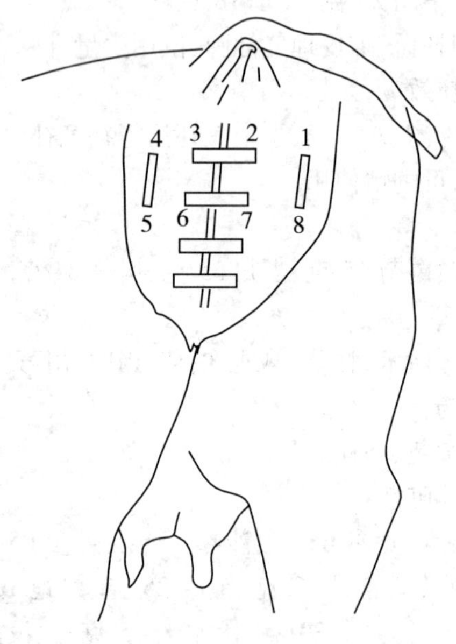

图 2－5　阴唇缝合术

阴门双内翻缝合术，用弯头缝针从 1 处进针、穿过皮肤，从 2 处出针，再从 3 处进针，从 4 处穿出，再从 5 处进针 6 处出，针从 7 处进针，8 处出针。1 和 8 处缝线线头，打结。其松紧度以阴唇紧密接触为宜。照样再缝第二针。下沿要留出尿孔。不能全缝上。

第九节 奶牛前庭大腺囊肿,奶牛淋巴外渗

在阴道前庭侧壁各有一个前庭大腺,由于排出管闭塞而形成囊肿。在患畜躺卧时,有一粉色囊状物从阴门中突出,有时会疑为阴道脱。此时可以伸手进去检查,确诊后用解剖刀切开,会流出很混浊的黏液样液体。然后清洗、消毒,放入消炎药后,会自愈。

奶牛阴道淋巴外渗:

此病比较罕见。据内蒙古扎兰屯农校报道一例。

奶牛常在卧下时露出一肿物,站起来缩回去。初肿物小,不影响排尿,大了影响排尿,可能是由于难产时胎儿肢体挫压造成的。

淋巴外渗的肿物为囊状,直径 10 厘米左右。

治疗:

2%静松灵 8 毫升肌注(站立保定一般以不超过 5 毫升为宜),五分钟后奶牛卧地,阴道露出肿物,用注射器抽出淋巴液,随后用 90%酒精加入数滴碘酊,注入囊内,30 分钟后将注入的酒精全部抽出,这样使局部发炎,闭合淋巴管,则不继续外渗。

第十节 奶牛妊娠毒血症

病因:

此病多发生在较肥胖的奶牛,发病多在产前一个月左右。由

于妊娠饲养营养不平衡,使大量脂肪存积于肝脏,形成脂肪肝,使肝脏的分泌功能、解毒功能、其他代谢功能降低,使胃肠的 正常消化吸收功能下降,在代谢中所产生的有毒物质不能正常分解、吸收、排出,形成代谢障碍,使有毒物质在体内积蓄产生一系列自体中毒现象。

胎儿后期发育快、体重增加块、营养需要量大,由于能量物质供应不充足而母牛生理性动员储存的脂肪、蛋白质转换为能量,供应胎儿,在脂肪和蛋白质的转化过程中会产生一些酸性有毒物质。

再加上运动不足,影响了肌红蛋白对氧的释放,使组织缺氧、机体酮利用能力下降,造成酮血症。在利用储备糖原、蛋白质时产生大量的乳酸和氨造成毒血症。

症状:

轻度的精神沉郁、反刍减弱、瘤胃蠕动慢弱。排粪少、带有黏液,有的粪便稀软,体温正常。

重症:精神极度沉郁,低头站立、不动或卧地不起,食欲废绝,常发生异食现象,吃几口不常吃的青草、胡萝卜等稀罕草,但很少吃精料。口干黏、有臭味,舌苔黄腻,瘤胃蠕动很弱。结膜潮红、色暗,呼吸表浅、心跳快而弱,有时节律不齐,体温正常。有的继发蹄叶炎,跛行不愿站立。少数有精神症状,目凝视。

此病预后要慎重。有的分娩后恢复,有的分娩后病情加重而死亡。如治疗不及时,长期卧地,甚至发生尿毒症而死亡。死亡率据统计高达90%。

实验室检查:血色暗、较黏稠,血液 pH 值下降,显酸性,酮体升高,肝功下降,黄疸指数升高,血脂高,血糖、蛋白减少。

防治：

1. 按泌乳后期和干奶期营养要求的饲养标准进行饲养管理。适当减少精料。

2. 特别在干乳期 60 天中注意观察奶牛饮食、行动和精神状态，及时调整饲管方式。

3. 治疗以促进脂肪代谢，降低血脂，纠正酸中毒，保证肝解毒功能。

4. 处方：25% 葡萄糖 500～1000 毫升，生理盐水 1000～2000 毫升，维生素 C20～50 毫升，12.5% 肌醇 20～50 毫升，5% 碳酸氢钠 500 毫升，混合静输，每日一次，连用 3 天。视情况再定。

配合维生素 B_1 等 B 族维生素，或并用可得松肌注，可提高治愈率，但可得松有引起流产的危险。

也可参照奶牛酮病的治疗方法。

5. 处方：口服丙二醇、皮下注射氯化胆碱 4 小时一次。灌健康牛瘤胃液。也可用维生素 E、抗氧化剂。

病死牛剖解：

肝，质地变脆、肿大，黄色。

肾：曲细管上皮黄色，肾上腺肿胀黄色，可继发真胃炎、真胃扭转、产后瘫痪等产后疾病。

为防止此类病象病症的出现与发展，可采用下列方法治疗：

1. 处方：50% 葡萄糖 500～1000 毫升、50% 右旋糖酐，第一次 1500 毫升，以后改为 500 毫升，2～3 次/日。

丙酸钠 114～228 克或丙二醇 117～342 克，静注 2 次/日，或口服丙酸钠。

2. 为促进脂肪氧化，口服 50% 氯化胆碱粉 50～60 克，或 10% 氯化胆碱注射液 250 毫升皮下注射，有显著分解脂肪的作用；泛酸钙200～300毫克制成10%的注射液静脉注射、连用3日，复方维生素B 200～250毫升，每日一次，以增进食欲，改善瘤胃功能。

烟酸12～15克/次，口服，连用3～6日，它有抗脂肪分解，抗酮生成作用，在治疗妊娠毒血症时可以选用。

3.对症治疗。为防止继发微生物感染，静注四环素、青霉素等抗菌消炎药。

为防止氮血症用5%碳酸氢钠500～1000毫升静注。

防治黄疸用硫酸镁300～500克加水内服，连用3天。

第三章　奶牛分娩期疾病及难产的诊治

第一节　常见难产的分类及治疗

难产是产科常见病，约占分娩奶牛的5% ~8%。顺产和刚开始的某些难产在分娩过程中因某些条件的变化而转化为顺产；外界干扰及错误干预，可使顺产变为难产。在难产过程中，如果处理不及时或处理不当，可能造成母子双亡。即使母牛活下来，也常会发生生殖器官疾病，导致不孕。

常见难产可分为以下三类：

一、产力性难产

母牛在分娩时，阵缩及努责异常就会造成产力性难产。

阵缩及努责无力是造成难产的一个因素。

在分娩时，子宫、腹壁肌肉及膈肌收缩维持时间短，强度不够，或收缩次数少，间歇时间长，以致胎儿不能正常排出。奶牛中此病常见。发病率随年龄及胎次的增加而增加。

分娩一开始就表现无力、阵缩微弱的称原发性。由于产程长，娩不出胎牛，子宫肌及腹肌疲劳、收缩力变弱称继发性，阵缩微弱及努责无力。继发性临床上多见。

病因:

1. 饲养管理不当,孕期营养供应不平衡,没有按孕期各阶段标准饲养。

2. 产前内分泌失调,雌激素、前列腺素、催产素分泌不足,或子宫肌及分娩机制减弱。

3. 全身性,如布氏杆菌病等。

4. 胎儿过大或胎水过多,使子宫肌纤维过度伸长,使子宫壁变薄,引起收缩无力。

5. 腹膜炎,使子宫肌与腹膜、腹壁粘连。

诊断:

怀孕期满,按预产期进入分娩期,已出现分娩预兆但努责次数少、无力、长久不能娩出胎牛。原发性微弱,先观察分娩表现及问诊畜主,可初步作出疑似诊断。然后做产道检查,会发现子宫颈松软、开放,但开张不全,尚可摸到子宫颈、胎儿及胎胞尚未进入子宫体及骨盆,有时胎儿前蹄及口唇已进入产道。此时胎儿应该还活着,胎盘循环正常。

治疗:

发生本病后,应马上采取措施治疗或助产。否则时间久了,阵缩和努责会停止,以致胎儿死亡。

1. 药物治疗:一般不急于给催产药如催产素等。应先输液补充糖和钙剂,多种维生素及多种氨基酸等。稍后母牛有了力量即开始努责,再配合人工牵引等助产手段即可娩出犊牛。

2. 如药物治疗无效,可进行人工助产或手术牵引取胎(见本章第四节)。

二、产道性难产

产道性难产是由于母体的软产道和硬产道发生异常致胎牛不能正常排出。软产道异常比较常见的有子宫捻转、子宫颈狭窄、阴道及阴门狭窄,硬产道异常,主要是骨盆狭窄。

1. 子宫捻转

子宫捻转是整个怀孕子宫围绕自己的纵轴发生扭转,发病率为难产总数的5%左右。捻转时多发生在子宫颈及其前后,捻转程度多为180°~360°。

子宫捻转多发生于临产前或分娩开始时。

病因:

凡能使母畜围绕身体纵轴发生急剧转动的任何动作都可能成为子宫捻转的直接原因。如孕母牛摔倒、翻滚、跌落和急剧的起卧等。这与母牛子宫剖解构造特点有密切关系。怀孕末期孕角很大,子宫大弯显著向前扩张,但小弯扩张不大;而子宫扩韧带仅附着于子宫颈、子宫体及子宫角基部的小弯上,它固定住的主要是孕角的后端,而前端大部分子宫呈游离状态,不能固定。母牛起卧时,总是先起后肢,造成前低后高,子宫在腹腔中呈悬垂状态,这时母牛遇到外因急剧转动身体,装满胎儿、胎水的重量很大的子宫,不能随身体同方向转动,反作用力使子宫向反方向旋转。形成子宫扭转。

饲养管理不当,营养缺失,运动不足,多次怀孕可使子宫韧带松弛,腹壁肌肉紧张度下降,也是子宫扭转的重要基础因素。

预后:如果捻转程度在90°~180°,子宫血管未发生绞缠性的阻塞,怀孕仍能继续,子宫可自行转正,或分娩时由于胎动、阵缩、努责使子宫被拧正。如捻转在180°以上,子宫壁充血、水肿、子宫阔韧带中血管内形成血栓,胎盘血循环受阻,胎儿很快死亡。预后不良。

症状：

产前的子宫捻转因子宫阔韧带及其组织被拧，伸张、紧张而表现为不安和阵发性腹痛。时间长了全身表现加剧，精神沉郁、食欲下降、后蹄踢腹、出汗、磨牙、体温不高，呼吸心跳加快。也可能因捻转严重、持续时间长引起麻痹而不感觉疼痛。但病情加重。

诊断：

阴道及直肠检查：

(1)子宫颈前捻转

如临产时发生，阴道检查发现子宫颈口稍张开，如捻转达360°则子宫颈管封闭，可见子宫颈上口部呈紫红色，阴道黏膜上有螺旋状皱壁；直肠检查时在耻骨前沿摸到子宫体上的捻转处有一堆麻绳状实物，阔韧带从两旁向外交叉，两侧阔韧带均较紧张，一侧韧带达捻转处的前上方，另一侧达到其后下方，捻转如不超过180°，下后方的韧带要比前上方的韧带紧张，子宫就是向紧张的这一侧捻转的。韧带内血管怒张，捻转程度越大，怒张也越明显。胎儿不易摸清。

(2)子宫颈后捻转

其特点是阴道腔越向前越狭窄，看不到子宫颈口，在阴道壁可发现或大或小的螺旋状皱襞，这种特征是诊断子宫扭转的主要依据，可根据皱襞的走向确定捻转的方向。如向左侧捻转，阴道壁上部的皱襞是从右上向左下，否则相反。如无开膣器，用手伸入阴道也能判断捻转方向。方法是将右手消毒后伸入孕牛阴道，手心向下，顺着皱襞前伸，如拇指向下转，则是向左捻转，拇指向上翻则是向右捻转。不超过90°时，手可自由通过，达到270°时手即不能伸入，达到360°时颈管拧紧。直肠检查摸到的子宫颈呈麻花样，向哪一侧捻转，该侧子宫阔韧带更紧张。有的病例一侧阴唇向阴门陷入。

治疗：

必须先矫正子宫，然后酌情处理。

①产道矫正

在捻转程度小，手能伸入产道、通过子宫颈握住胎牛，向上向对侧翻转，借助胎儿活动，成功率较高。扭转程度轻胎儿肢体已挤入阴道皱襞内时应向子宫注入适量肥皂水、然后握住胎儿肢体向子宫扭转的反方向扭转胎儿，扭正子宫，拉出胎儿。

②直肠矫正

适用于捻转程度较小的情况，如子宫向右捻转，右手伸入直肠，尽可能伸到子宫右下方，向上向左翻转，可矫正。

③翻转母牛

直接快速翻转牛体法：先将母牛放倒侧卧，子宫向哪一侧捻转，哪一侧向下，前后肢分别由两人保定，分别牵拉捆在前后肢上的绳子，站在母牛背侧同时猛拉，急速将母牛仰翻过去。由于转动迅速，子宫因胎儿惯性，不随母体转动，而恢复到正常位置。术者手臂消毒后，伸入产道检查翻转效果，如阴道松弛、有胎水排出，说明子宫已矫正，如未矫正可重复1～2次。

产道固定胎牛，翻转母体：

如果临产时发生捻转，手可能伸入子宫，术者从产道把胎牛的一条腿弯起来抓住，把胎儿固定，然后翻转母体，这样可提高翻转治愈率。

④剖腹矫正

站立或侧卧保定。向哪一侧捻转在哪一侧开口。打开腹腔后找到捻转处，确定向哪一侧捻转，然后隔着子宫壁抓住胎儿围绕孕角（子宫角）纵轴向对侧转动。复位后，捻转消失。闭创，然后从产道助产或等正常分娩。

⑤剖腹产

在剖腹矫正过程中，发现胎牛大、子宫壁粘连、水肿，矫正无法进行时，可将腹壁切口扩大，实施剖腹产。术式见后。

滚动复位法，有时可以复位、但多数成功率低，而且奶牛临产前，胎儿大、乳房大，翻滚复位有一定危险。在扭转 180°时，翻滚复位效果较好，但要及时。

延误时间会发生子宫坏死，使奶牛死于败血性休克。

产后子宫扭转也有发生，某兽医治疗产后疾病，连续三次向子宫注入 2000 毫升生理盐水，致使子宫扭转，这是由于药量大、温度不适宜，刺激继发子宫扭转。发现后，及时通过直肠扭转了的子宫角提起复位。

2. 子宫颈狭窄

子宫颈狭窄，分为扩张不全和扩张不能两种。

母牛的子宫颈肌肉较发达，颈壁厚而坚实，厚度可达 3 厘米，颈的中央管，称子宫颈管，管形呈螺旋状，正常状态闭锁的很坚固、难以开张，子宫体和阴道之间分界很清楚。但怀孕分娩期在雌激素的作用下发生浆液浸润软化，软化过程需要较长时间，如阵缩提前娩程提早，雌激素及松弛素分泌不足，子宫颈未充分软化，不能完全扩张，在分娩过程中加上惊吓等干扰因素打乱了分娩程序。也可使子宫颈发生痉挛性收缩，子宫颈延迟或不易扩张；饲养管理不当，导致内分泌失调，引发子宫颈扩张不充分，也可继发于阵缩微弱、子宫捻转等病，导致宫颈狭窄性难产。

诊断：

母牛有分娩预兆，阵缩努责正常，久不见胎儿胎水、胎膜。产道检查发现阴道柔软有弹性，但宫颈与阴道之间界限明显。据此判断为子宫颈狭窄。由于不断努责可发生阴道脱出，子宫破裂，造成母或子死亡。

治疗及助产见下节。

3. 阴门及阴道狭窄：

常见于头胎牛。

病因：

①幼稚型狭窄。见于配种过早（早于15月龄，正常奶牛初配应在18月龄370千克体重）的牛和头胎牛，狭窄处主要在阴道与前庭交界处，此处有阴道前括约肌，分娩时软组织松软不够，阴道不能充分开张，胎儿不能正常娩出。这种狭窄与饲养不好、营养不良、缺乏维生素和矿物质有一定关系。

②破水过早。

③阴道及阴门水肿。娩程长、助产操作时间长，均可引起水肿，继发性阴道狭窄。

④阴门及阴道损伤及感染导致炎性肿胀、瘢痕收缩和纤维增生，致产道不易扩张或分娩前雌激素、松弛素分泌不足有关。

助产：在轻度狭窄、阴门阴道尚能扩张时，应在阴道内及胎头上涂以润滑剂，缓慢、耐心地牵拉胎牛、胎儿通过阴门时，助手必须用手将阴唇上部（会阴部）向胎头耳后推，帮助胎儿通过。如发现阴门破裂已不可避免时、可行阴门切开术。在阴唇上角之旁作一向上向外的切口，切开1～2厘米深即可，必要时对侧作同样切口，术后缝合切口。

拉出胎儿时可能损伤阴道壁，甚至破裂。此时阴道黏膜下的脂肪组织突入到阴道内或随胎儿拉出一部分。术后必须对伤口消毒，放青霉素等消炎药，尔后缝合。

4. 骨盆狭窄：

由于先天性骨盆发育不良或骨盆畸形、软骨症、骨盆骨折等原因造成骨盆狭窄。分娩过程中产道及胎儿均正常，只因骨盆狭小，形态异常妨碍胎儿正常排出。

治疗助产见下节。

三、胎儿性难产

胎儿性难产是指由于胎向、胎位、胎势不正及胎儿过大造成的难产。约占奶牛难产总数的60%～70%。

各种助产方法见本章第四节。

第二节　奶牛难产的检查

奶牛在分娩过程中不能顺利产出胎儿，视为难产。如对难产处理不当，治疗不及时，可能造成母牛和胎儿死亡。即使母牛存活下来，也常因生殖器官疾病而不孕不育。

难产是奶牛的常见病，因此造成的损失也不小。

分娩过程是否正常取决于产力、产道、胎儿三个因素。在正常情况下这三个因素是互相适应、通力配合，实现正产。

一但发生难产，只有助产和剖腹产两个办法。

助产，助产前首先要检查，是什么性质的难产，才能决定助产办法。有的是因产道狭窄，胎儿难以产出；有的是胎儿过大难于产出。但多数是因胎位不正，造成难产。

难产助产手术效果如何，与诊断是否正确密切相关，必须仔细检查，确定了难产的原因，通过分析判断决定采取什么助产方法及预后如何，然后把检查结果、预定的手术方法及其预后向畜主交代清楚，争取得到畜主的积极配合和支持。

在实施助产时的难产检查：

(1)了解病史：是否到了产期，年龄大小、胎次多少、分娩过程长短、努责的频率、强弱，胎膜是否已经露出，胎水是否已经排出，胎儿是否已经露出，是否已经过助产处理。对于产道受到严重损伤或污染的要及时慎重处置，告知畜主，即使痊愈也常引发不孕。

(2)母畜的全身检查：对体温、脉搏、呼吸和精神状态，是否能站立，作全面检查。单独的脉搏加快并不代表预后不良。

检查阴门及尾根两旁的荐坐韧带后缘是否松软，向上提尾根时荐骨后端的活动程度如何，以便确定骨盆腔是否胀满；乳头是否能挤出初乳(白色)从而确定怀孕是否足月。

(3)胎儿及产道检查：检查前对手臂和外阴需消毒。

可隔着胎膜触诊胎儿情况，如胎膜已破，手伸入胎膜触诊，这样摸得更清楚，还可感觉胎儿的润滑程度。

检查内容包括：胎儿的姿势是否正常，是顺产、倒产、胎位是否异常、胎儿发育是否健康完整，是否怪胎。曾见到胎儿内脏全部外翻在胸腔肋骨上，胸腔开放。还有胎胞过厚破不了，产一圆形圪蛋。

胎儿进入产道的深浅，进入产道的是什么部位，确定助产方式、是否能直接拉出、是否需要送回矫正胎位姿势。

确定胎儿的死活是很重要的一环，如果死胎可以用截胎等方式取出，如是活胎要小心从事，尽量保证母子双活。如何识别胎儿是否活着，其检查方法：

①正产时将手指伸入胎儿口中，注意有无吸允动作，或者掐住舌头，注意有无活动，用手指压迫眼球，注意头部有无反应。如果头部姿势不正常，可以触诊胸部或颈动脉，注意有无搏动。

②倒生时，可将手指伸入肛门，感觉是否收缩，也可触诊脐动

脉是否搏动,肛门外发现胎粪,说明胎儿活力不强或已死亡,频死胎儿对触诊无反应,针刺时会出现活动。检查胎儿时只要出现任何一种活动均说明胎儿还活着。在分娩过程中胎儿突然死亡,此时胎儿往往有一次剧烈活动,母畜站立时可见到右腹有一次或几次明显活动,像胎儿踢母腹一样。

③如发现胎毛脱落、皮下气肿,触诊皮肤感觉绵软,有捻发音,胎衣、胎水,颜色污秽,并有腐败气味,表示胎儿死亡已久。

脱落的胎毛很难从子宫中全部清除,可能导致不孕。

检查产道应注意阴道子宫颈的松软、开张、润滑程度,骨盆腔的大小,软、硬产道中有无异物、变形、肿瘤,查清所有可能妨碍顺利助产的障碍物。

各种检查都要详细认真进行,它将决定术者采用什么样的助产方式。如果奶牛体况好,而矫正胎儿和截胎有困难,可以考虑剖腹产,如果奶牛体况不好,要以从产道取出为主,剖腹产会使奶牛体况恶化而死亡。总之,在难产时根据母牛、胎儿、产道情况及难产性质决定采用什么方法。如剖腹产,一侧子宫孕角会因剖腹手术而难于再受孕,只有对侧着床妊娠。

(4)术后也要详细检查。判断是否有双胞胎,子宫及软产道是否有损伤,子宫有无内翻,是否有鲜血,如有血说明在术中有破伤、要设法止血、消炎。

术后母畜长久卧地不起表示骨盆部骨骼、关节、神经可能有损伤,也可能同时发生了生产瘫痪,要正确判断、及时治疗。对由于产程长助产难度大、致母牛疲劳的可给予充分休息。按产后饲养方式处理,如喂给红糖、麸皮、食盐、碳酸钙、益母草混合稀粥,也可静脉补给糖、钙、强心剂等。

第三节 奶牛难产的助产原则、程序、方法

一、术前准备

1. 保定。一般是站立保定易于术者操作,但往往由于难产时间长,母畜不愿站立,需卧位保定。在胎囊进入产道后母牛是要卧下分娩的,此时应尽量使胎儿的异常变位部分向上,操作时压力较小,易于矫正,如头向下弯,正生时肩肘前置,可使母牛仰卧;但仰卧时母畜常挣扎,可行半仰卧,并快速操作,减少仰卧时间。不管哪种体位,保定时都应提高后躯,使胎儿坠入腹腔,易于推动矫正。

2. 麻醉。可以抑制强力努责,利于操作。

镇静:减少疼痛努责,牛还可以站立。

可用二甲苯胺噻唑,肌注牛 0.2 毫克/千克体重,药效快,牛可站立。还可用电针麻醉法,牛用百会、六脉等穴。还可口服水合氯醛。

硬膜外麻醉:在荐椎及尾椎间隙,牛的注射部位在尾中线与坐骨结节前端作横线的交叉点上进针,垂直刺入,破皮后向前方 45°~65°角刺入,深度约 2~4 厘米,用 3% 普鲁卡因注射液 20~35 毫升,母牛 10 分钟进入麻醉状态,持续 1~3 小时。

荐尾间常因骨融合而不易进针。

百会穴麻醉:用 16~18 号针头,找准部位垂直刺入,慢慢稍向前倾斜,当穿破黄韧带阻力骤减,像刺破一层纸的感觉,注射药液时阻力也小。进针时在针头尾端放一滴药液,此时可将药液吸入,证明已刺入硬膜外腔,可以注药,中等牛 2%~3% 奴佛卡因注射液 20~30 毫升。

后海穴封闭:后海穴在肛门上方用长针头沿背侧进针,可注入奴佛卡因注射液20~40毫升,此时病畜可站立保定,仅使努责减轻。

静松灵3~5毫升肌注,可站立保定,此药不可超量,超过5毫升可能肌松卧下。

3. 消毒。手臂、外阴、器械、胎儿外露部分都要用0.1%新洁尔灭等消毒液清洗。躺卧保定时在后躯下面铺上塑料布,总之要保持卫生、清洁。还要消毒环境。术者手臂消毒后涂上石蜡油。术者还要搞好自我防护,如带长臂手套,穿防护服、胶靴等。

二、助产的基本原则

1. 为了保护母牛和胎儿的生命和生产性能,尽量用矫正胎儿姿势或利用助产工具自产道娩出胎儿,必要时用剖腹产或截胎手术。

2. 矫正胎儿姿势时,应先将胎儿推入子宫内,再进行矫正,不可强拉硬拽,以免造成产道损伤,甚至母子双亡。子宫内容积大,而且是柔软环境,易于矫正。在产道内,特别在骨盆腔的阴道内,更难矫正。

3. 牵拉胎儿时用力要均匀,应当随着阵缩节奏需缓慢地进行。同时要注意用力方向与产道方向基本一致。搞清楚先拉什么、后拉什么、怎样用力,必须用胎儿横径最细处通过产道最窄处。

4. 产道干燥要灌润滑剂,如温石蜡油、肥皂水等。

5. 助产前后注意手臂、工具、外阴的消毒和环境的清洁卫生。

6. 在牵拉过程中随时用手伸入产道检查阴道内有无阻塞,能否通过产道。更不要把牵拉的绳子拴在拖拉机上强拉。最后大小牛一起死亡。还有的兽医由于现场没有合适的工具,就用扁担沟子、炉钩子钩佳胎儿往外拉,用力过大,钩子滑脱,钩塌了子宫壁、直肠,使产牛很快死亡。

三、手术助产的基本方法

针对胎儿的手术有牵引术、矫正术及截胎术。

1. 牵引术

是家畜助产的基本方法，助产的目的就是把因各种原因造成的胎儿不能自然娩出而采取的助产方法。也就是把胎儿排除各种阻碍因素从产道中拉出来。

正生时，在两前腿球节之上拴上绳子，由助手拉腿，术者把拇指伸入口腔，握住下颌用力拉头。按照骨盆轴的路线，胎儿的前置部分越过耻骨前缘时，向上向后拉。胎儿通过盆腔，水平向后拉。胎头通过骨盆出口时，向上向后拉。拉腿时先拉一条，再拉另一条，交替拉腿，目的是缩小肩宽使胎儿易通过盆腔。胎头通过阴门时，可由一人双手保护住阴唇上部同时用力向外挤压胎头，可顺利通过。

胎儿胸部露出阴门之外，顺势向下弯拉出整个胎儿，如果拉肩部有困难时，将肩臂部转成侧位，慢慢转动拉出。当臂部露出时，停止运动，让其自然滑出。在拉胎头时，可以用梃叉（推拉梃）把绳套套在胎头耳后，绳结移至口中，绳子不可隔着胎衣套上去（见图3－1）。

如果死胎也可直接套在脖子上拉。

倒生时，也要在后肢球节上套上绳子，两条腿轮流拉。如果阻力大，可将胎儿扭转成侧位，以利用母体骨盆入口的垂直径比横径宽的特点，使胎儿臀部成为侧位，即可通过。

牵引时必须使胎儿的方向、姿势、位置正确，不正确的要先矫正。拉出时不可用力过大、过猛。如果胎儿矫正好，不需很大力气。产道中要灌入润滑油，拉出时要与母牛努责配合，助手还可以推压母牛腹部，增加努责力量。

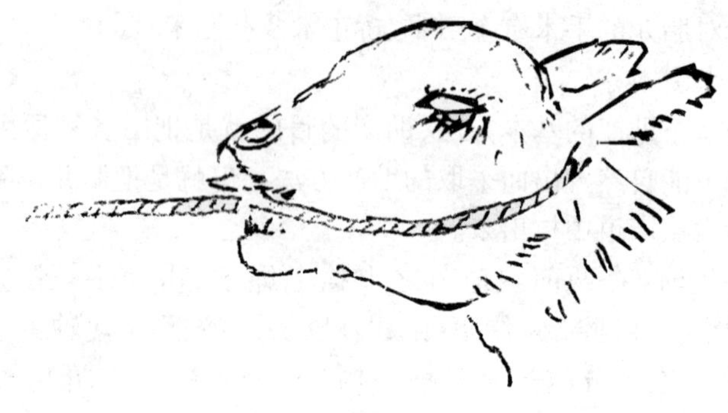

图3－1　产科绳拉头法

2. 矫正术

胎儿由于姿势、位置、方向异常，无法正常娩出时，必须先进行矫正，然后才能牵引出来。

(1)矫正姿势

矫正姿势的方法主要用推和拉。

①推：如果胎儿的某一部分挤在骨盆入口处，或楔入骨盆腔内，这里的空间小，无法进行矫正，必须将胎儿推入在腹腔的子宫内，这里空间大而且是软环境，易于矫正胎儿姿势。姿势异常不严重在推的过程中就可以矫正，如果姿势异常严重，则需要在推入子宫内时用产科器械推拉梃的帮助。

②拉：主要是把姿势异常的头、四肢拉直，拉进产道，使之成为正常姿势。除了用手以外，还需用产科绳、产科钩等器械进行推拉。经产的大母牛产道较宽，可以两人同时各伸入一手协调矫正，推拉并行。

(2)矫正位置

牛胎儿正常位置是背部在上,伏卧在子宫内。这样头、胸、臀的横切面的形状符合母牛骨盆腔横切面的形状,才能顺利通过。胎儿反常的有侧位和下位。侧位是胎儿横卧在子宫内,下位是胎儿背部在下仰卧在子宫内。

矫正的方法是将侧位、下位胎儿翻转为上位,翻转最好是在有胎水的情况下进行,否则子宫紧裹胎儿,不易翻转。必要时需注入石蜡油、温肥皂水等,以增加润滑度,易于矫正。

(3)矫正方向

胎儿的正常方向是纵向,即胎儿纵轴与母体纵轴是平行的。异常情况有两种,一种是横向,一种是竖向。

①横向:一般是胎儿一侧距骨盆入口处近些、一侧远些。矫正的办法是向前推远端,如向后拉近端,胎体的两端距离骨盆腔大体相等,则应向前推前躯,向后拉后躯,成为倒生位置。

②竖向:常见到的是头、前后腿一齐来到骨盆入口处,呈腹部前置的竖向;另一种是臀背先来堵在骨盆口处的背前置的竖向。还有鬐甲部先来顶在骨盆口上的。

矫正的方法:前者尽可能把后蹄推回子宫,或者把后退拉直伸于自身腹下,拉前腿和头,成为正生。对于后者要转动胎儿,矫正后肢使成为倒生,拉后腿。

矫正手术必须在子宫内进行。在子宫松弛的情况下操作比较容易。为此可行硬膜外麻醉,用3%奴佛卡因15~20毫升,在尾荐部麻醉。

矫正时注意产道的润滑情况,必要时注入润滑剂。

难产时间长了,子宫壁变脆、容易破裂,矫正胎儿时要小心子宫及其他产道。

如需截胎时，注意使用隐刃刀具，不要伤及母牛产道。

近来，有人用脱皮截胎术。

术式：先拽出胎儿前腿，环切皮肤，向上推皮肤，将皮下骨肉组织从关节处切断取出。比连皮截肢容易，损伤小。或在环切皮肤以后用一根约40厘米长的铁棍，从切开皮肤处伸进去将胎儿钝性分离直到肩胛处，然后用一小铁棍插入骨腿间，拧转前肢，使其与犊体分离，将前肢从皮套中取出。

正生示意图

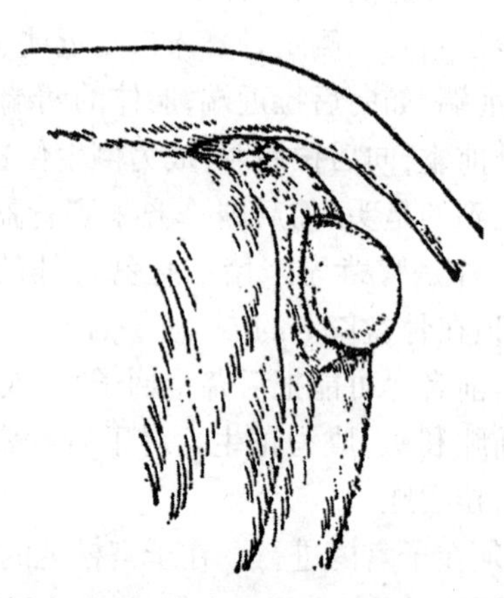

图3－2 胎囊露出阴门外

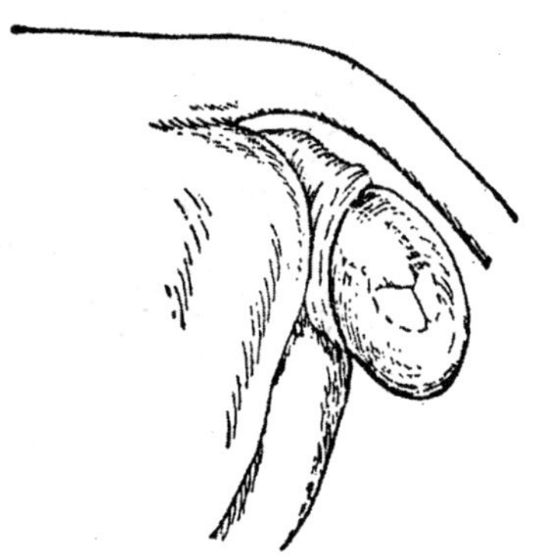

图 3－3　胎囊露出阴门，前置的蹄肢隔着胎膜清晰可见

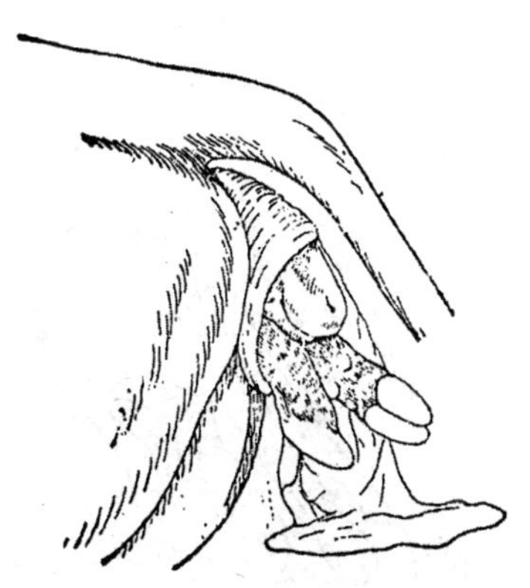

图 3－4　胎囊破裂，露出前置的肢蹄和鼻部

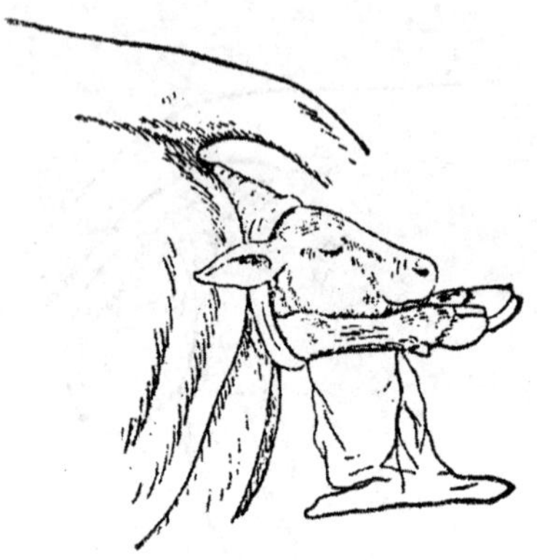

图 3 –5　胎头和前肢通过阴门

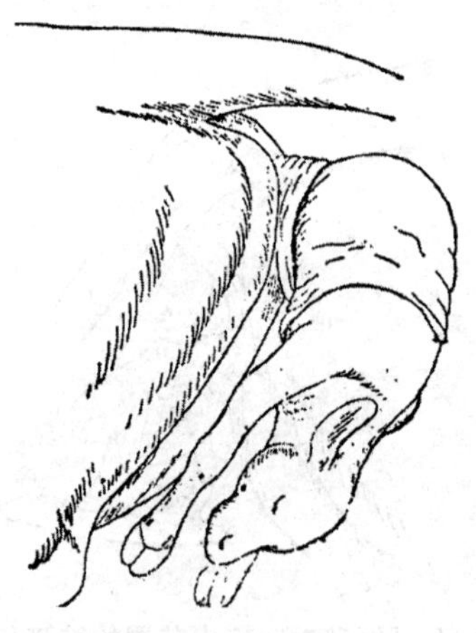

图 3 –6　胎儿产出

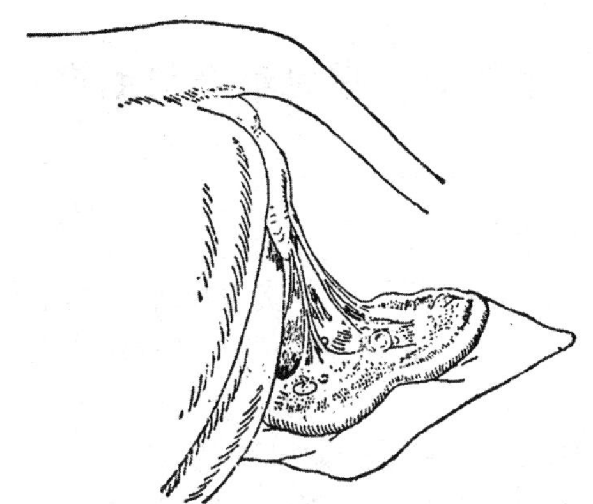

图 3－7　胎膜排出

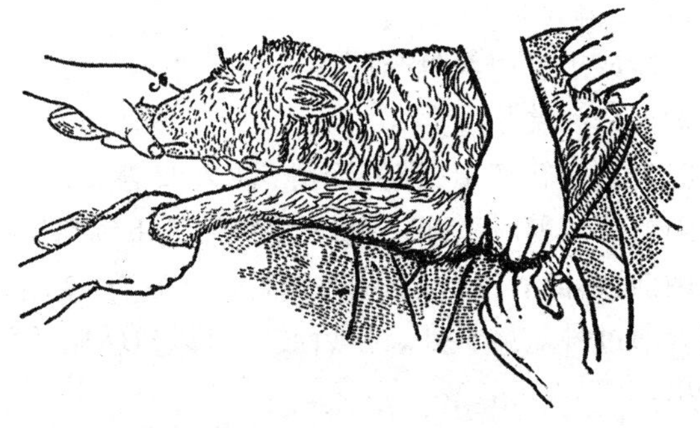

图 3－8　正生时取出胎儿的方法

第四节　常见难产与助产

1. 子宫颈狭窄

检查时发现产道扩张不全、努责不强，特别当子宫颈外口开张不充分，胎囊不能进入产道，此时可肌注乙烯雌酚 40～60 毫克，然后再注射催产素 30～100 单位，同时静注 10% 葡萄糖酸钙 100～200 毫升，以增加子宫收缩力；或按摩子宫颈，向阴道内注入温水，在子宫颈外口上涂上 10% 可卡因。然后用手慢慢扩张，套大子宫颈口。当胎囊和胎儿进入扩张的产道后，注入润滑油，慢力拉出。用此法尚不能产出胎儿。可将子宫颈拉至阴门附近切开，不要完全切透，要留下浆膜层，只切开肌层，以免胎水流入腹腔。拉出胎儿后缝合（结节缝合）。

实在不能取出可用剖腹产术。

2. 骨盆狭窄和胎儿过大

助产时先扩展软产道，充分润滑（注入润滑剂）。正生时，用两条助产绳缚好两前肢系部，在术者手握胎儿下颌强拉时，助手不可同时拉两前肢，前后错开，倒生时交替拉两后肢，使胎儿肩胛、臀围从最细处通过骨盆最窄处。拉后肢时可以扭转胎儿成为侧位，以易于拉出。

3. 双胎难产

推回一个，先拉出另一个。

4. 胎位不正

①头颈侧弯：胎儿两前肢进入产道，而头弯于胸部无法娩出，

是一种常见的难产姿势。

先用手或顶梃，将胎儿推入子宫，然后用手或绳固定胎儿下颌，边推边拉直胎儿头颈，如胎儿已死可以钩住眼眶拉出。

②头像下弯：胎头置于两肢之间，此时会出现额部前置、枕部前置、颈部前置，用推、拉法视情况不同进行矫正。

③头向上侧弯：此时颈腹侧或胸腹侧前置，检查时可摸气管环、颈动脉及胸骨等。

矫正时最好母牛取站立姿势，先用产科梃抵于胸前，推动胎儿，术者手握前下颌部将胎头拉正拉入产道。也可用产绳套套住下颌或钩住眼眶，拉正胎头。

④腕关节弯曲、肩关节弯曲、肘关节弯曲：

以上三种可同时发生，也可能单一情况发生，总之由于肢体拆叠增大了通过产道的体积，造成难产。

助产时握住掌部向上向前推，然后手握住蹄子将前肢拉直。

这种前肢弯曲，有时是单侧有时是双侧，双侧者助产难度较大。

⑤鬐甲或后背前置到产道口：此时头和前肢弯曲于胸下，助产难度很大，如能向前推转胎儿，把前肢矫正拉出，再送入摆正胎头，才能有希望助产成功。这种姿势是难产中多见的一种，开始检查时没有经验的助产人员往往误诊，要仔细检查，特别是在胎（囊）未破时，隔着胎囊胎水更不好确诊。

⑥跗部前置：两个或一个侧后肢没有伸直，跗关节、髋关节屈曲，以致胎儿臀部体积增大，不能通过骨盆造成难产。

助产是先顶着尾根和坐骨弓之间向前推，术者用手钩住蹄尖或用绳拴上，边推边拉，直到拉直通过耻骨前沿，进入产道。

⑦坐骨前置：胎儿髋关节屈曲，后肢未进入骨盆腔而置于自己腹下，坐骨向着骨盆，助产时先将胎儿推入子宫，再将后肢变为跗

部前置,然后矫正为后位产出。

尚有倒生、侧生,四肢积于腹下进入产道等多种造成难产的姿势,如果倒生可以拧成上位或侧位,边转边拉。

胎儿姿势会有多种多样,有的造成轻度难产,有的形成重度难产,甚至无法矫正,须行截胎或剖腹取胎术。

5. 胎向不正

胎向不正是胎儿纵轴与母体纵轴不平行而发生交叉;水平交叉叫横向。因胎儿背部或腹部朝向产道的不同,又分为背横向与腹横向;垂直交叉又叫竖向,也有背竖向与腹部竖向之分。腹横向与腹竖向矫正容易,一般将两前肢系上绳子,一手抓住胎头,就可将胎儿拉出。背竖向与横向矫正困难,一种方法是将其变为胎位不正,然后再矫正。如不行,死胎则行截胎术,活胎酌情行截胎术或剖腹产。

胎儿胎向不正矫正示意图

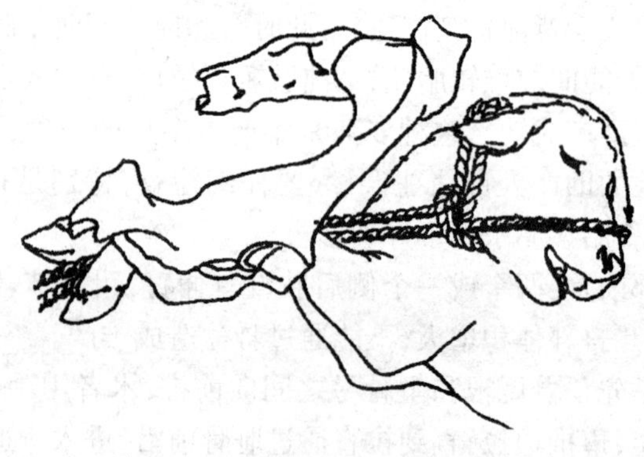

图 3-9 用单滑结缚住头部

(箭头代表颈上的绳段之一移至面部)

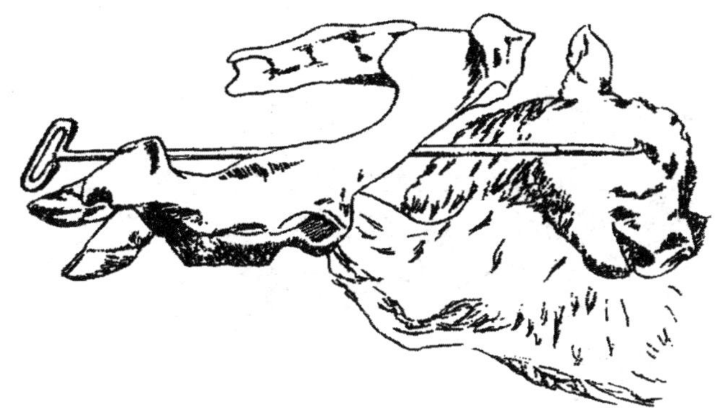

图 3－10　用产科钩钩住眼眶

胎儿胎位不正矫正示意图

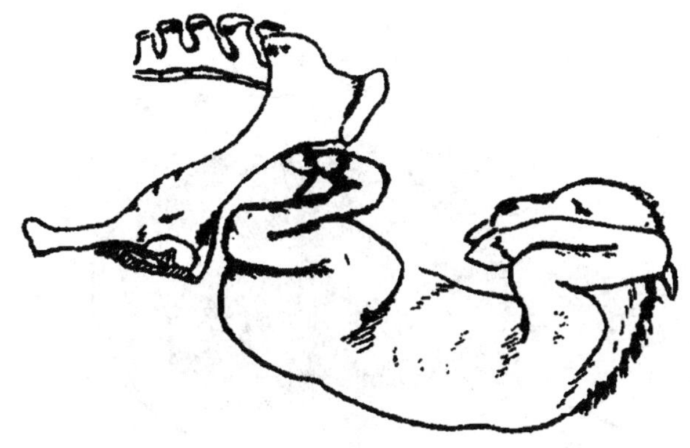

图 3－11　倒生下位

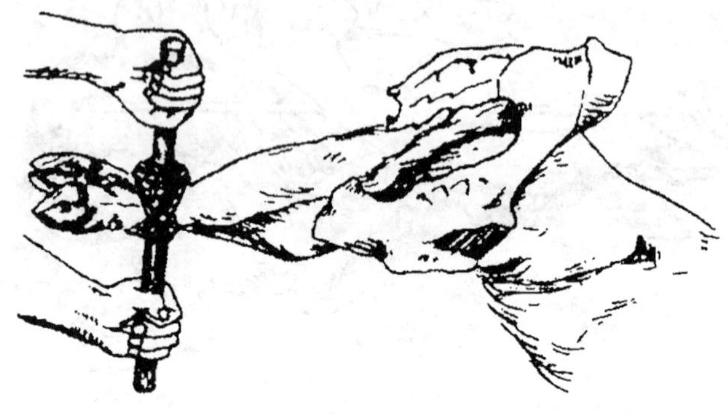

图 3－12　将倒生胎儿由下位扭转为上位

剖腹产术示意图

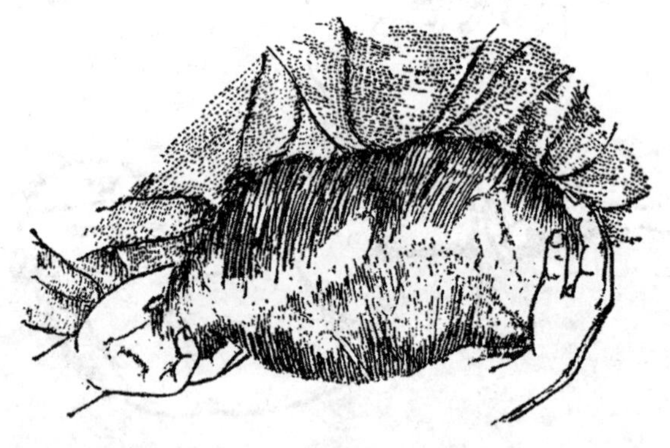

图 3－13　使子宫大弯充分显露在切口外面

图 3 - 14　沿子宫角大弯切开子宫

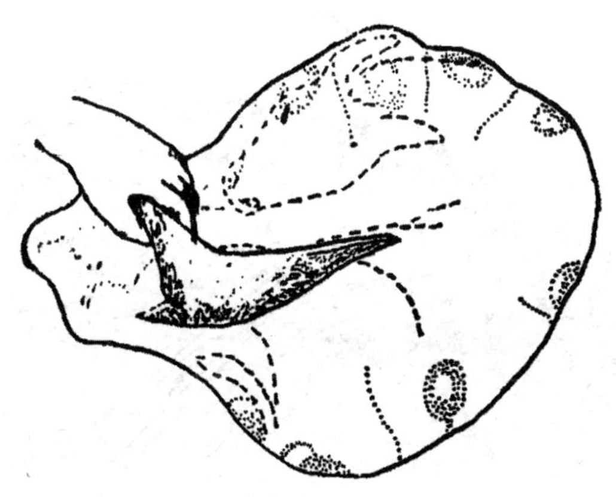

图 3 - 15　倒生时取出胎儿的方法

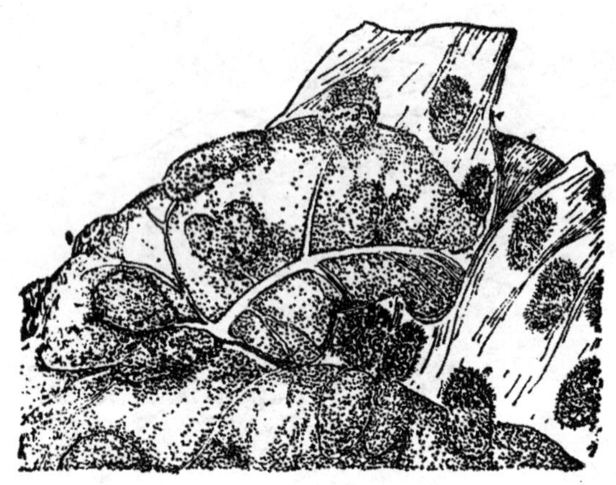

图 3－16　剥离胎衣

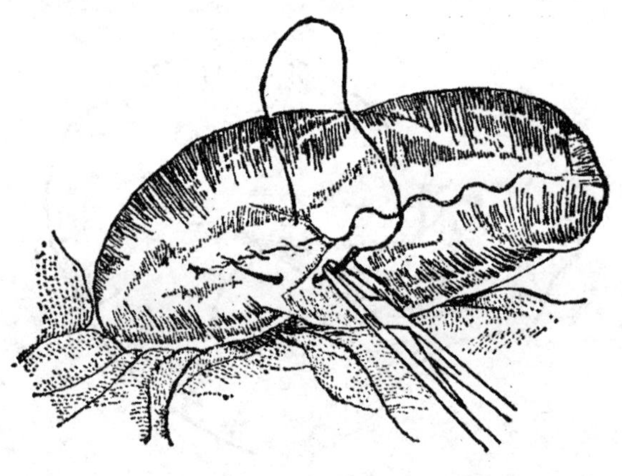

图 3－17　缝合子宫

第五节　截胎术

在难产时,无法矫正胎儿,又不宜剖腹产,特别是胎儿已死,可将死胎某些部分截断分别取出;或截除一部分(如前肢或后肢)胎儿体积小了,易于拉出。

截胎术分开放法和皮下法,开放法是直接截除某一部分;而皮下法是先把皮剥开,截除后,留下皮肤盖住断端,还可用皮端拉胎儿。

下面简单介绍几种截胎方法。截胎一般是使用线锯。

1. 头部缩小术

在头部前置时,其缩小术的适应症有:脑腔积水、头部过大、双头畸形、头部侧位无法通过骨盆腔,而且无法矫正时:

①破坏头盖骨:胎儿脑腔积水时,头盖软而薄,可用刀在中线上作一切口,排出积水,使头盖骨塌陷,或用凿破坏头盖骨,使之塌陷缩小。

②头骨截除术:把头锯为上下两半,先将锯下的头骨取出,保护好断面不要伤及产道,拉出胎儿。

③下颌骨截除术:破坏下颌骨时需先将下颌骨钩住,然后用产科凿将双侧下颌支垂直部分分别凿断,再将凿放在二中央门齿之间将下颌骨体凿断。最后用刀沿上臼齿咀嚼面将皮肤、肌肉由后向前切断。这样由两侧向一起压迫下颌骨支,使它们叠在一起,头部变细即可通过骨盆腔入口。

④头部截除术:如胎头已拉至阴门外,钩住眼眶将头拉紧,沿耳前眼下切开皮肤,向后剥离皮肤至下颌骨支及枕寰关节之后。在此将头切掉,用绳子缚住颈部断端皮肤,在矫正了前肢以后用来

拉胎儿。

如无法将胎头拉出于阴门之外,可以用线锯行颈部截断术,将胎头截除。

2. 前腿截除术

①肩部前置截除术:用皮下法,沿肩胛骨前沿及肱骨上端作一切口,切开皮肤,用剥皮铲剥离上膊部的皮肤,破坏固定肩胛骨的肌肉,用手指在肩胛骨颈前后各穿一洞,将产科绳套绕其中,并将绳的末端穿过此套,把肩胛骨颈栓住。用产科梃顶住胎儿胸前,用力拉绳,将前肢从皮套内拉出来。最后在球节处把前腿切掉,留下皮肤拉出胎儿。

②正常前置的前腿截除术:拴住球节部拉紧,可以在肩胛骨背沿作一切口,把锯条套进去将前肢锯下来。

皮下法系拴住系部往外拉,掌部露在阴门之外,在皮下打气,以便剥离皮肤:沿掌部内外各做一切口,直达球节。剥离掌部及球节的皮肤:将剥离铲伸到切口上端皮下,把皮下组织分离,直到腋窝及肩甲部的整个外侧皮肤。剥到腋窝时,同时破坏前腿内侧的胸肌、血管、神经及胸下下锯肌等。助手拉紧胎儿前肢,术者一手操作一手伸入产道,随时注意不要铲破皮肤、损伤母体。然后从肩胛上端开始用指刀沿前腿外侧作一纵长的皮肤切口,直达掌部外侧切口。将手伸到皮下,用手指扯断尚未剥离的皮下组织。特别是肘头及腕部皮肤难剥,必要时可用指刀横断球节,但不切断皮肤,使球节以下部分连在皮上,拉胎时用,用绳子拉紧掌部下端,用指尽可能切断肩胛周围肌肉。然后顶住胎儿把前腿强拉出来。

有的人采用吹气、剥皮,用产科铲破坏肩胛周围肌肉,然后用力拧转,撕断肌肉将前肢从皮套中拉出来。

③腕关节截断：在腕部前置时，用绳子引导将锯条绕过腕关节，绕好、锯断、取出。

3. 后腿的手术

倒生时，根据后腿异常情况进行截肢。

①截除坐骨前置的后腿：一般坐骨前置，后腿置于腹下，均须向前推动胎儿，拉直后腿，成为倒生式。需手术的机率少。无法矫正时用线锯将后腿锯掉。

②截除正常前置的后腿：手术主要用于胎犊骨盆围过大，跗关节截断术，这种情况较少见。

4. 胸腰手术

①胸部缩小术：用于胎儿过大或气肿产道过于狭窄，截除一前肢仍不能通过，手术主要将钩刀伸入到最后肋骨后沿，将肋骨拉断，缩小胸廓。

②前驱截断术：这一手术是自腰部将胎儿截为两段。如无线锯及绞断器可以用剥皮铲将胸部皮肤剥离，用钩刀钩断肋骨，用产科刀切开前二腰椎间的软骨，再用钩刀拉断前后之间的联系，将前躯拉出。

③截半术：在胎儿背部前置时横向或竖向无法矫正时，拦腰截为两半。

第六节　难产奶牛剖腹产手术

适应症：骨盆发育不全、阴道肿胀狭窄、子宫颈狭窄无法开张、子宫扭转、胎儿过大或水肿；胎儿的姿势、胎位、严重异常无法矫正;子宫破裂、干尸化胎儿、药物不能排出;母畜怀孕期满,因患其他病生命垂危者。

手术本身难度不大,只是经过手术以后,母牛繁殖受影响,起码术侧子宫难孕。

术式:局部剪毛消毒。

保定:用白酒一斤灌服。或用静松灵3~5毫升肌肉注射。术部用碘酊、酒精脱碘消毒后。用3%奴佛卡因局部麻醉。

手术部位:

①在腹中线和右侧乳静脉之间。

②在腹侧开刀,沿肋弓方向,从后上方向前下方切口,

步骤:切开皮肤长约20~30厘米,钝性用手指撕开皮下组织,把肌肉切开一小口,钝性顺着肌纤维方向分离,扩大创口,切开腹膜,双手伸入腹腔,紧贴下腹壁下滑,摸到子宫、排除小肠网膜等,隔着子宫壁,握住胎儿的某一部分把子宫角大弯的一部分拉出于切口之外。这时将小肠等挤入腹腔深部。在子宫壁与创口之间垫上大块纱布,或将子宫壁固定在创沿皮肤上,以免子宫回缩,子宫内液体流入腹腔。此前应将子宫角大弯连同胎儿一部分一起托出切口之外,充分在暴露子宫外。沿子宫角大弯,避开子叶,作一与腹壁切口等长的纵行切口,切口不可过小,使胎儿能顺利拉出为宜(见图3-13、14、15)。

如果是子宫扭转,应先矫正,再拉出子宫。

将子宫附近的胎膜剥离一部分,拉出切口之外,然后再切开,以防胎水流入腹腔。慢慢拉出胎儿。拉出胎儿后,防止子宫切口缩回,胎水流入腹腔。

剥离胎衣,实在难剥的部分也可不剥,留下自然排出。以免强行剥离,出血过多。

将子宫内液充分吸出或蘸干。均匀撒布四环素族抗生素或青霉素 G 钠盐 400 万 ×5 支。

缝合:用细肠线、无刃针缝合子宫黏膜。注意不要把子宫内胎衣缝住。

用丝线或肠线,无刃针,连续缝合子宫肌层和浆膜层,再用内翻缝合法(针不穿透黏膜)缝合子宫切口。

用温生理盐水,或 0.05% 呋喃西林溶液冲洗子宫表面。液体不可流入腹腔内。子宫创口涂以抗生素软膏,放回腹腔。

关腹:先缝腹膜和肌层。缝完之前注入大量青霉素溶液,(5% 葡萄糖溶 400 万青霉素 10 支)然后缝合。最后用结节缝合皮肤。缝毕整理创沿创口涂以碘甘油,缝上纱布保护创口。

据报道,从左侧切开,推开瘤胃,避免小肠等干扰手术。

第七节　奶牛产后监护

分娩后要注意产后监护:

(1)产后 3 小时内注意观察母牛产道有无损伤、出血。

(2)产后 6 小时注意观察奶牛努责情况,若努责强烈,要检查子宫内是否有胎儿,并注意子宫脱出征兆。

(3)产后 12 小时注意观察胎衣排出情况。

(4)产后 24 小时内注意观察恶露排出的数量和性状,排出多量暗红色恶露为正常。

(5)产后 3 天内注意观察生产瘫痪症状。

(6)产后 7 天注意观察恶露排净程度。

(7)产后15天注意观察子宫分泌物是否正常。

(8)产后30天左右通过直肠检查子宫康复情况。

(9)产后40~60天注意观察产后第一次发情,及时配种。

(10)产后30天之内每天注意观察,记录奶牛产后食欲、采食量,产奶量增加情况等。

发现问题及时处置。

第八节 奶牛难产助产图示

这里所收集、绘制的图均为示意图,不一定完全正确,但可以补充文字,以图文互相补充说明问题,使读者在遇到奶牛难产时参考。

主要图示的胎位、胎势不正及其矫正方法。

在临诊时遇到的情况比这些复杂,我们要根据当时情况灵活处置。畜主和兽医都要情绪稳定,细心操作,耐心分析,尽量做到母仔健康。

有一位农民看见兽医拉不出胎犊,于是开过拖拉机,用长绳捆住胎犊的腿硬拉,把小牛、大牛一齐拉上走,拉不出胎犊,因为难产时间长,犊牛已死腹中,只好截胎取胎。

难产时助产,一要了解产道情况,顺势取出胎犊;二不能急躁;三不能强拉硬拽;四助产是费时费劲的活,要科学判断,正确处理。

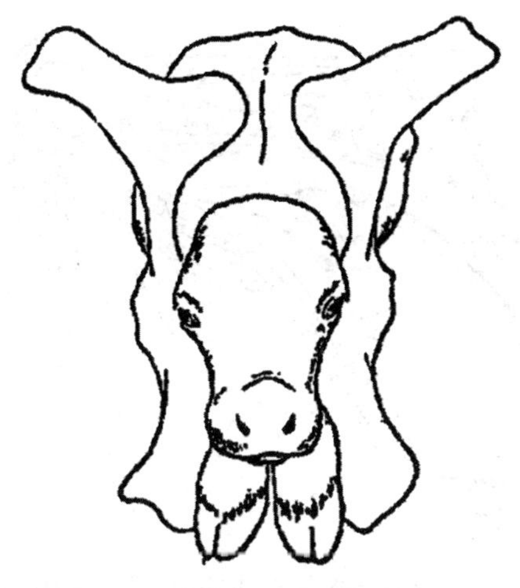

图 3－18　胎儿过大，胸围无法通过骨盆

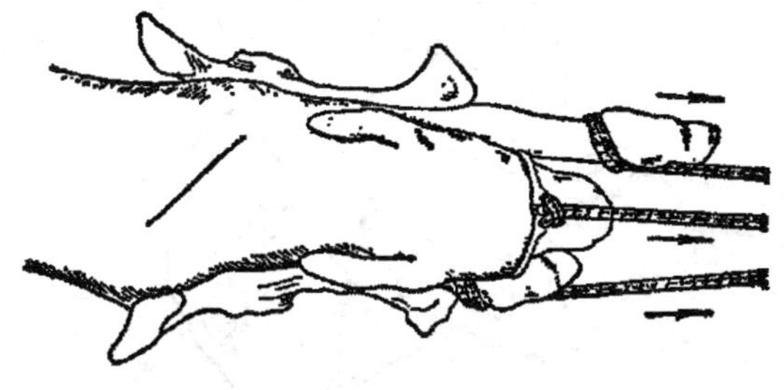

图 3－19　强行拉出胎儿。先拉一肢，再拉另一肢，使肩端联线保持斜的状态通过骨盆腔

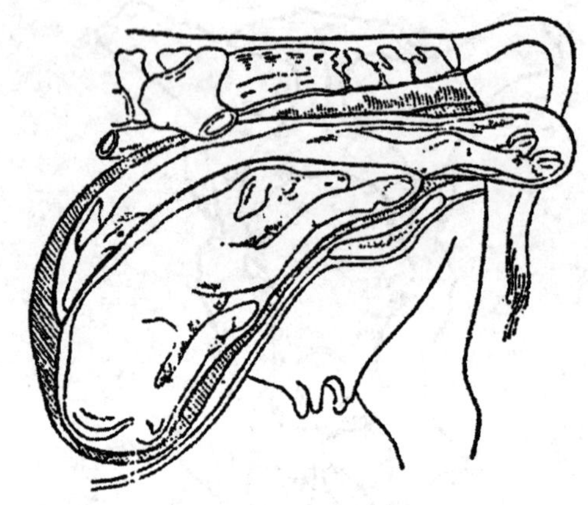

图 3-20　双胎妊娠分娩时，上面胎儿楔入骨盆较深

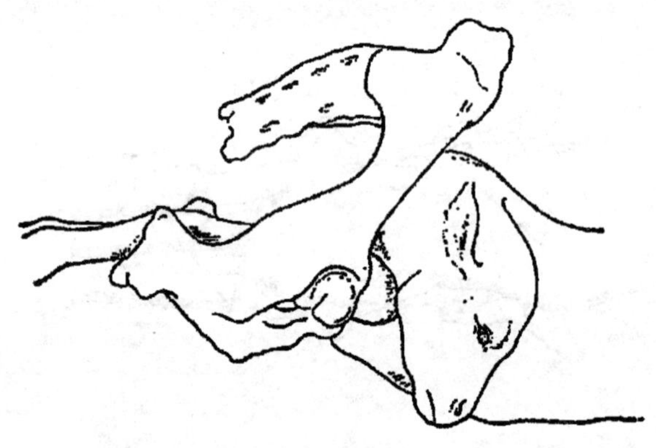

图 3-21　犊牛在左侧，鼻朝向母体腹侧壁

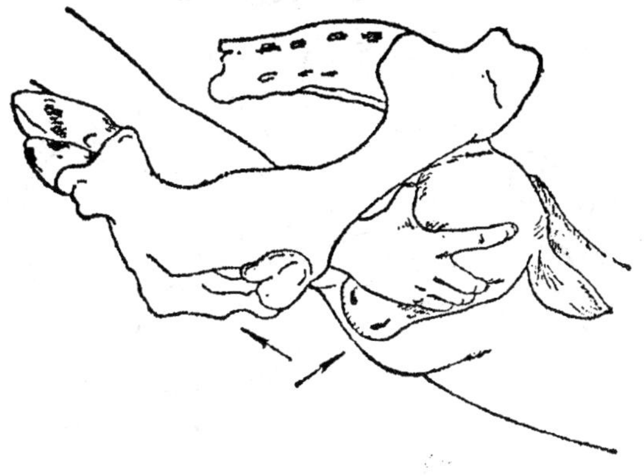

图 3-22　用手擒住眼眶，把侧置的胎头向上并向后拉之状态

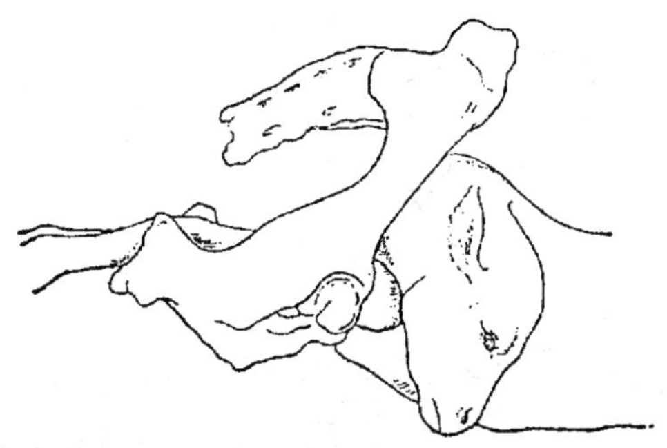

图 3-23　胎头移向骨盆入口前缘上方时，
手握下颌部把胎头导向骨盆腔

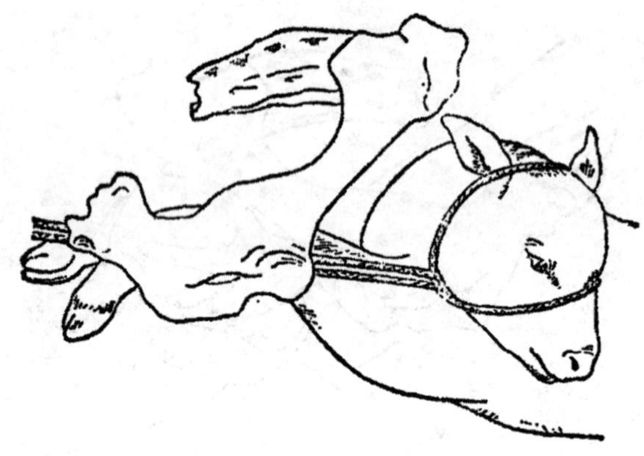

图 3－24　单滑结套住胎儿头部

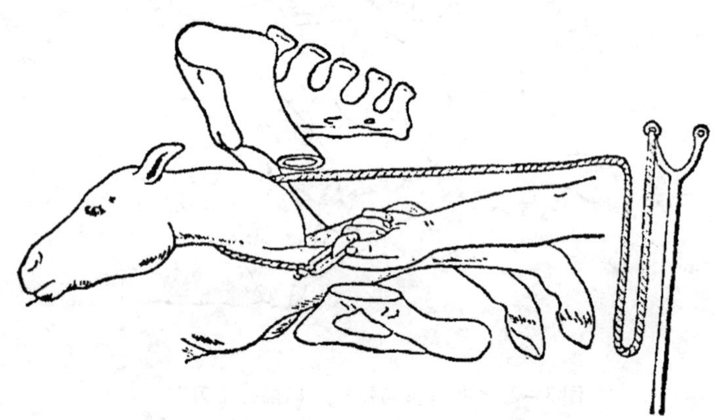

图 3－25　琼氏挺矫正法第一步——产科绳穿越颈部

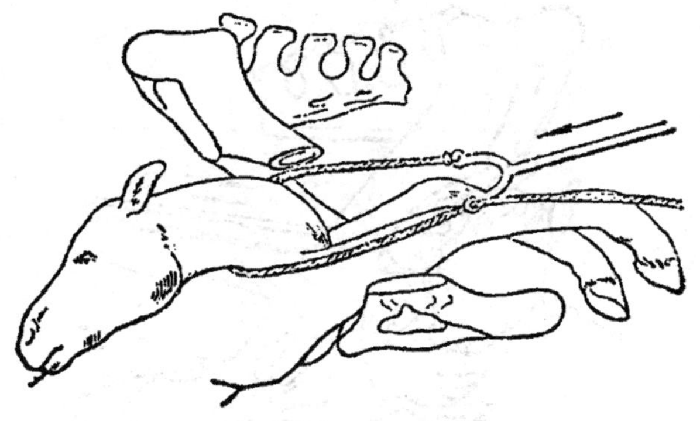

图 3－26　琼氏挺矫正法第二步——挺绳对胎儿颈部之装置

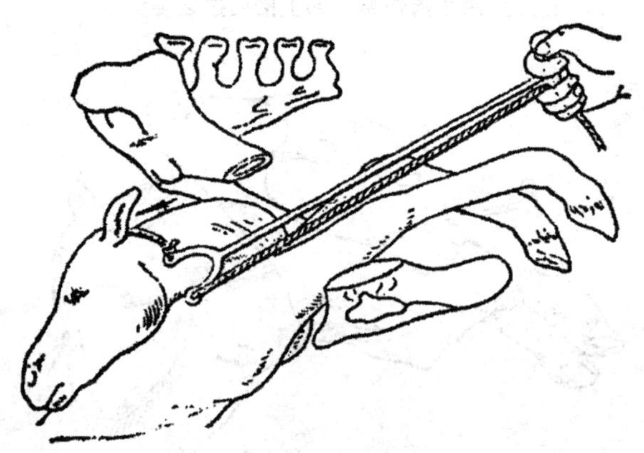

图 3－27　琼氏挺矫正法第三步——挺端固定喉下之颈部

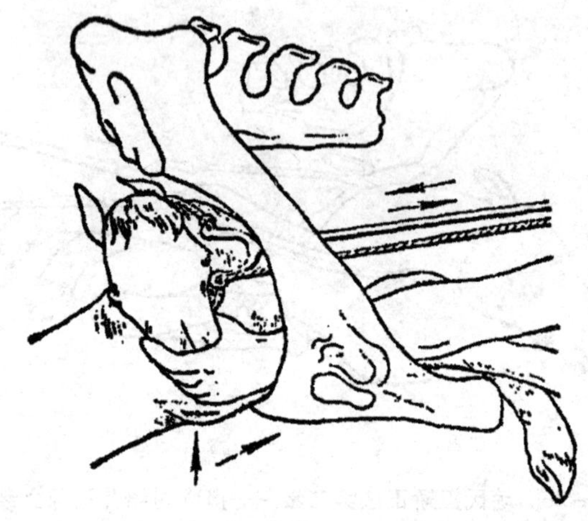

图 3－28　琼氏挺矫正法第四步——胎头拉至骨盆入口前缘，用手握住鼻口部上抬后拉之姿势

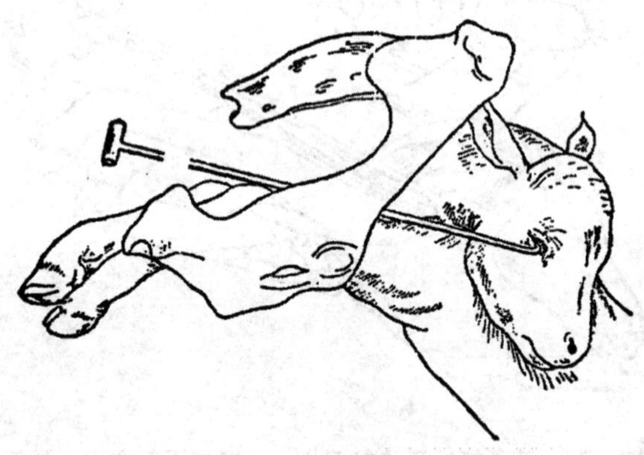

图 3－29　用长柄钩钩住眼眶

图 3－30　琼氏挺矫正犊头下弯时，挺所处矫正胎头的方向和位置

图 3－31　推回颈部，拉正头的颜面部

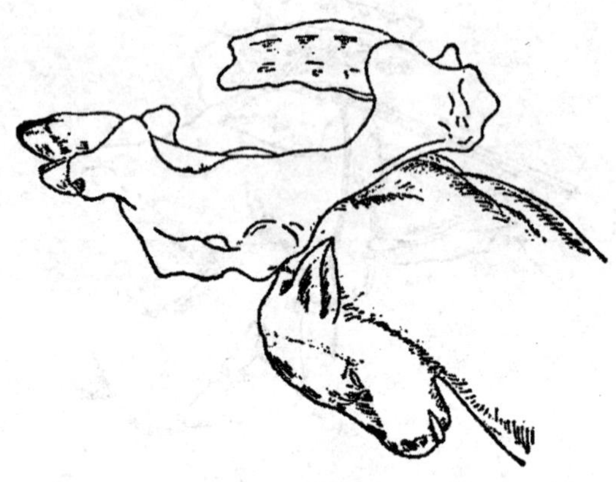

图3－32　犊头下弯

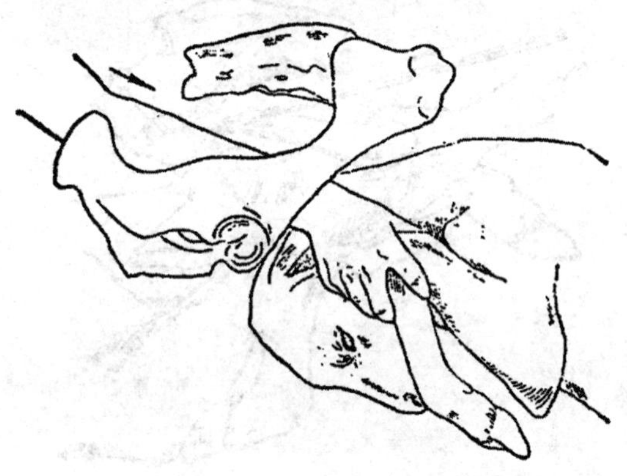

图3－33　颈部前置及拉直头部的预备步骤——推回一前肢,给头腾出活动空间

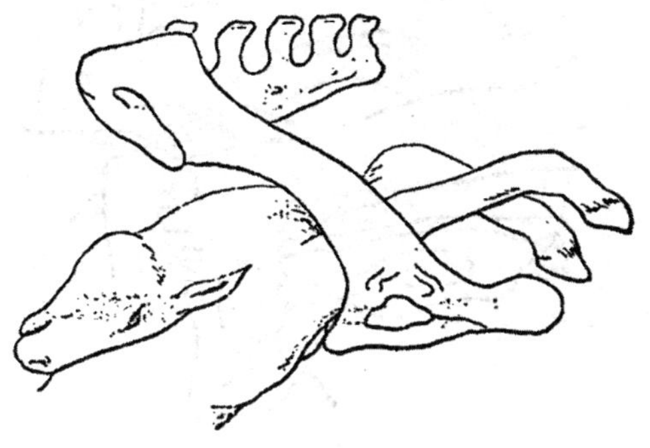

图 3－34　胎头后仰

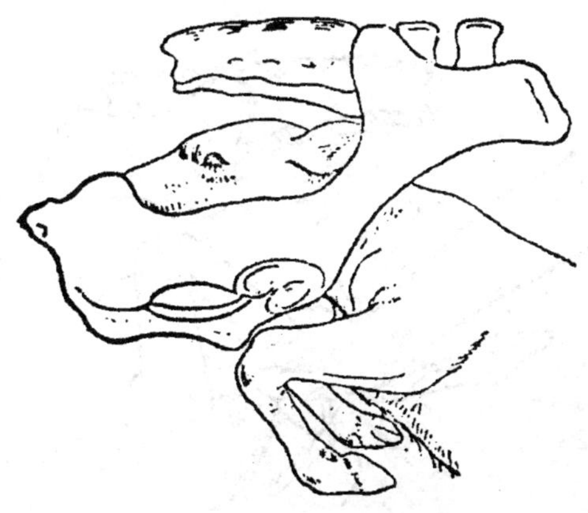

图 3－35　犊腕关节屈曲

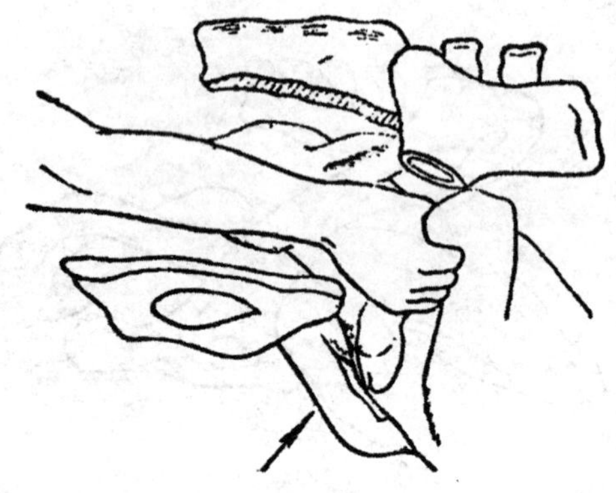

图 3－36　手握蹄部矫正腕关节屈曲之步骤之一——手握管部向上抬并向前推

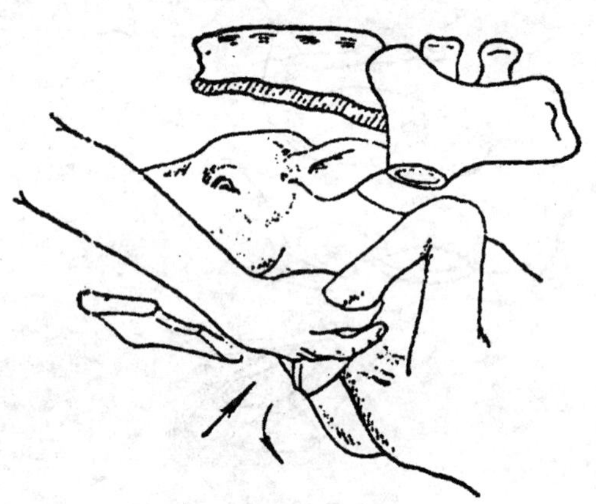

图 3－37　手握蹄部矫正腕关节屈曲之步骤之二——手握球节，最后包握蹄部，将蹄导入骨盆腔

图 3－38　琼氏挺矫正腕关节屈曲之步骤
之一——琼氏挺推动腕部之状态

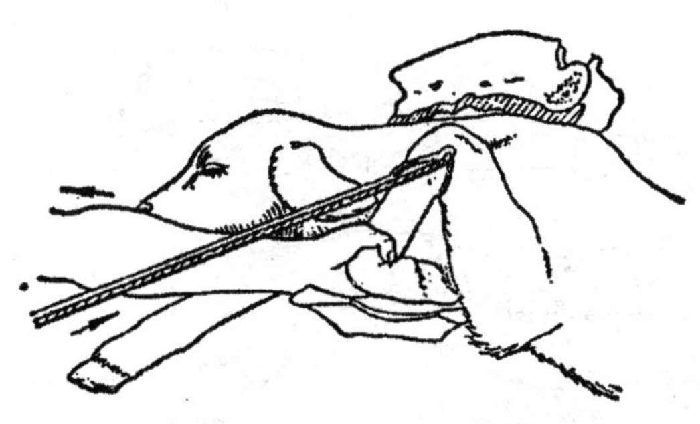

图 3－39　琼氏挺矫正腕关节屈曲之步骤
之二——琼氏挺推动腕部手握系部之状态

图 3－40　犊肘关节屈曲

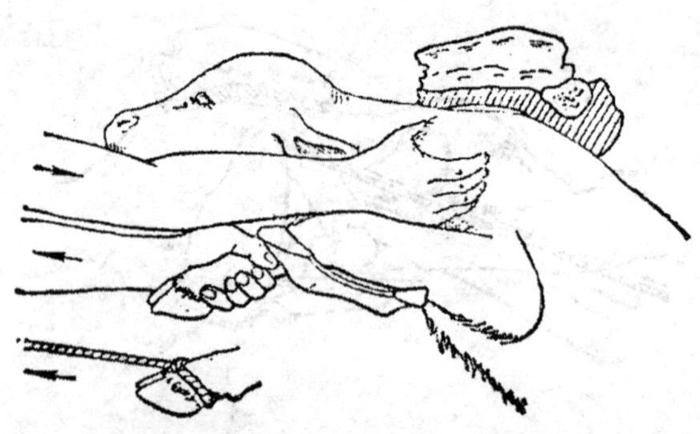

图 3－41　肘关节屈曲拉直法。用拉系部或用绳结于系部或用绳结于系部向外牵引，手推动胎儿肩胛部

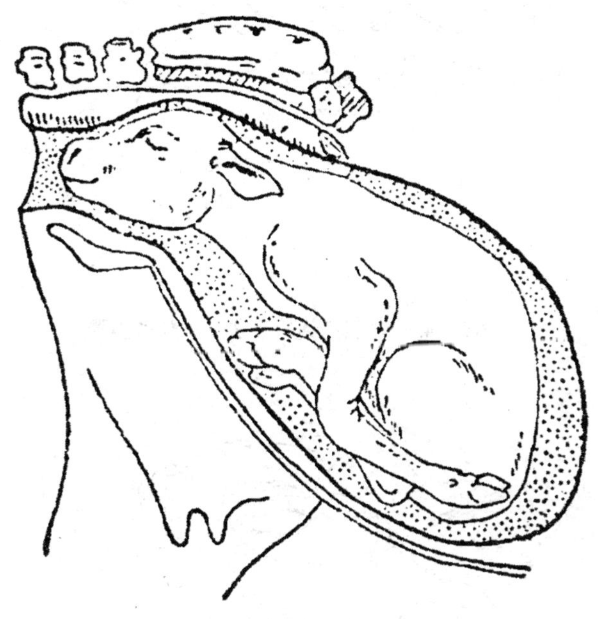

图 3－42　犊两前肢肩胛关节屈曲

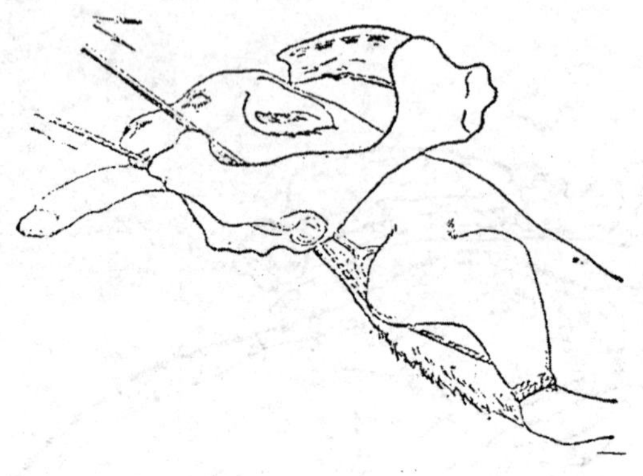

图 3－43　产科挺绳矫正法——预备步骤

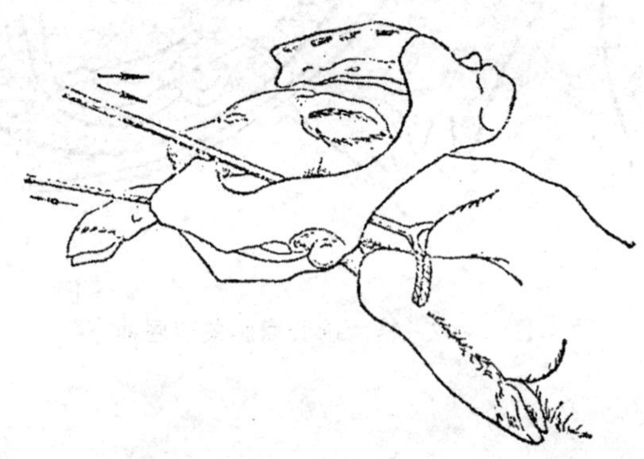

图 3－44　产科挺绳矫正法——变肩胛关节屈曲为腕关节屈曲

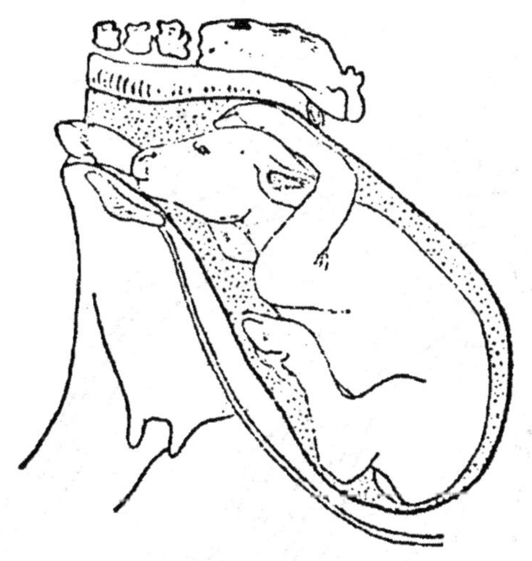

图3-45 犊一前肢置于头顶上

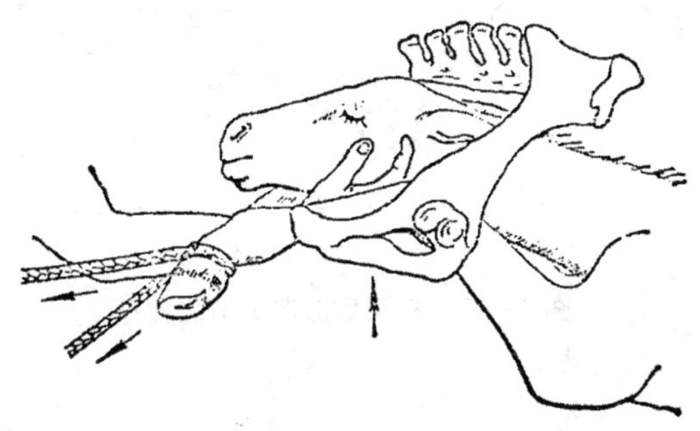

图3-46 两前肢置于头顶上的矫正方法

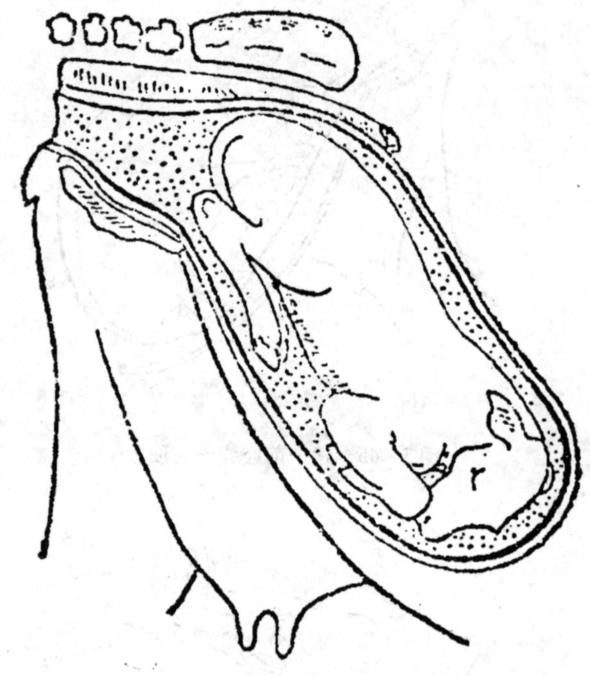

图 3－47　犊两后肢跗关节屈曲

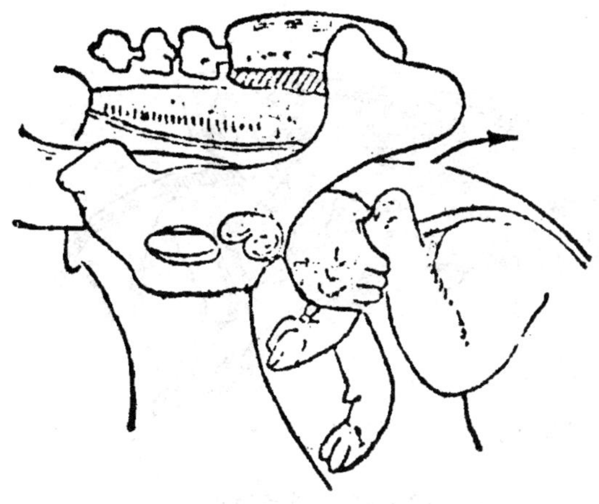

图 3－48　跗关节屈曲矫正之步骤之一——手握住系部向上抬向前推

图 3－49　跗关节屈曲矫正之步骤之二——手包握蹄部导向耻骨前缘

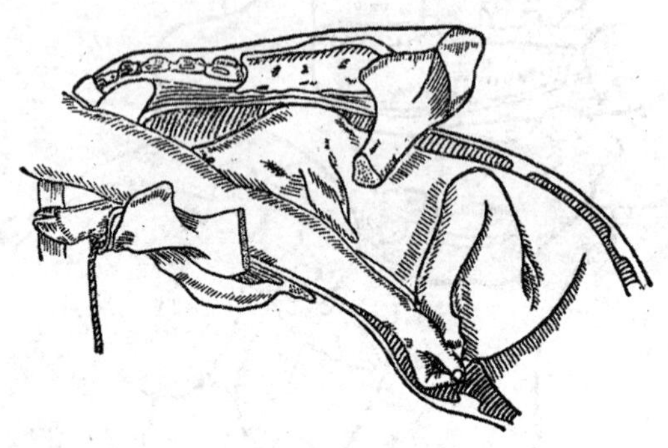

图 3－50　徒手矫正法

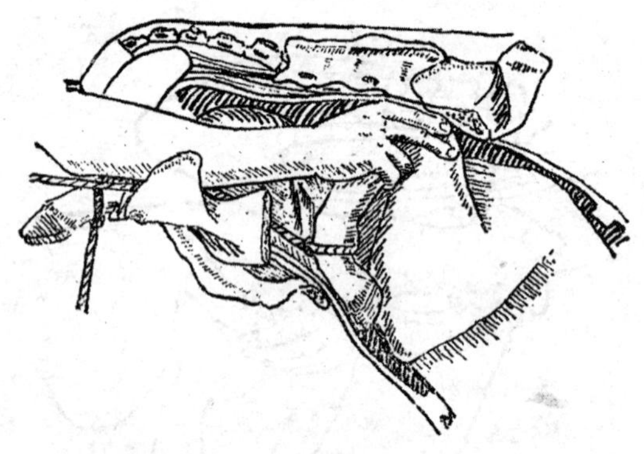

图 3－51　产科绳矫正法

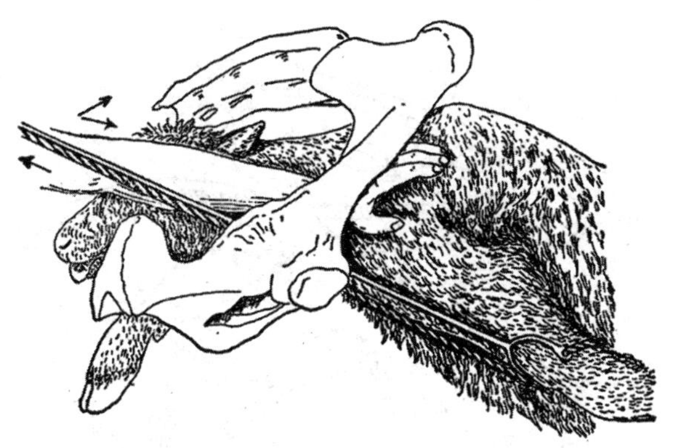

图 3－52　用产科梃矫正肩部前置

图 3－53　肘关节屈曲助产方法

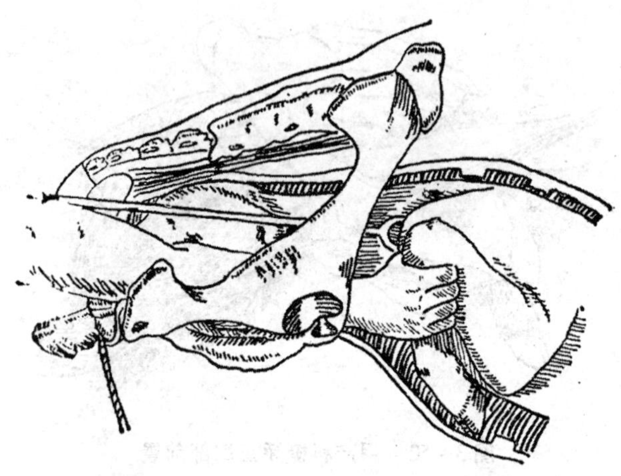

图 3 – 54　产科梃矫正法

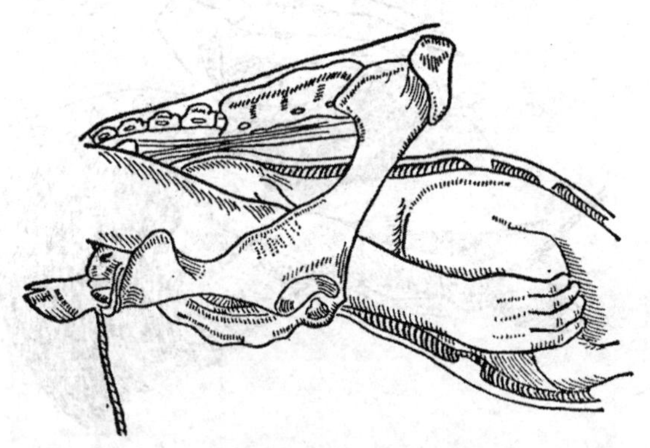

图 3 – 55　徒手矫正肩部前置

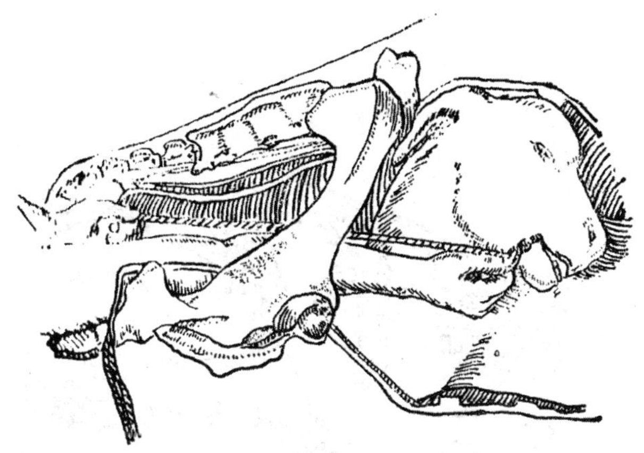

图 3－56　胎头侧弯时产科绳矫正法

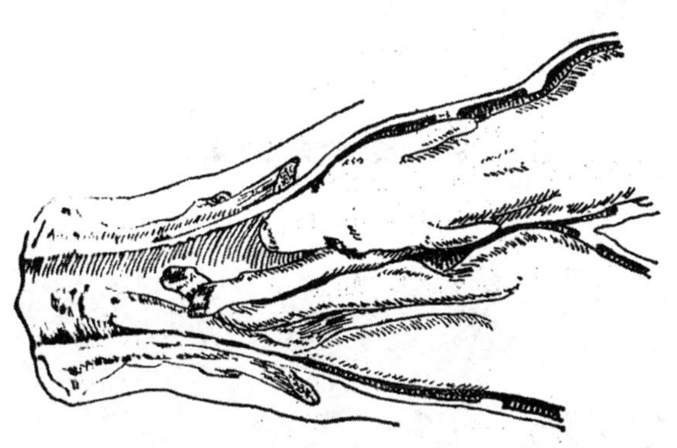

图 3－57　双胎同时进入产道

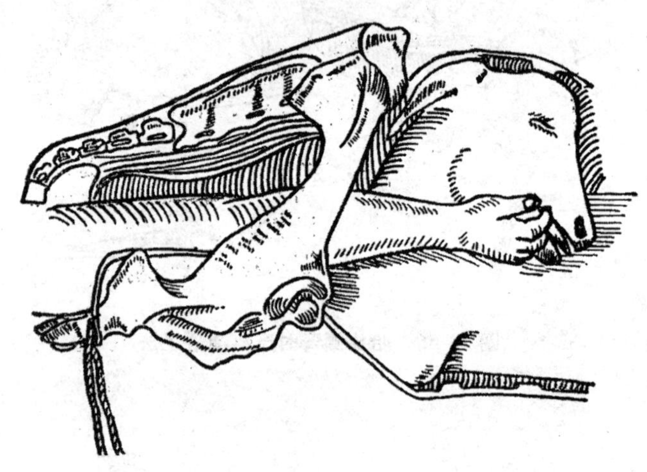

图 3－58　胎头侧弯时徒手矫正法

第四章　奶牛围产期产后疾病防治

母牛产后、身体疲劳、抗病力下降。正常分娩以后要有一个正确的饲养管理,以恢复体力和机体抵抗力。由于复杂的分娩过程,复杂的激素变化,往往会导致奶牛产后发生生殖道炎症、代谢紊乱以及产道损伤。奶农或规模场兽医等管理人员,必须对新生产的奶牛加强监测、监护、饲养管理,使其及早地进入产奶旺期。

产后常见病下面分别叙述。

第一节　奶牛产后创伤

奶牛产后创伤多数是发生在各种难产助产中造成产道的损伤,严重者穿孔、破裂、出血等。如:阴道及阴门损伤、子宫颈损伤、子宫破裂、骨盆韧带损伤、骨盆骨折等。有时与子宫等产道临近的肠道、膀胱也可能发生破裂或脱出。

有时因环境造成阴道破裂,曾有一只奶牛卧下时,被一只破酒瓶划破阴门及阴道流血不止。

在难产助产中术者实施完助产手术,娩出胎儿以后,要认真细致地检查子宫、产道是否有损伤、破裂等情况,并及时于以处理,以免以后引起繁殖障碍和产奶下降,造成经济损失。

一、阴道及阴门损伤

症状:

阴道及阴门损伤的患牛,分娩后仍有举尾、摇尾、拱背、努责等现象,并有血液从阴门流出。及时进行阴道检查,可见黏膜充血、肿胀、损伤部位有新鲜创口。可见黄色和白色脂肪混和着黏液等组织从创口突出。有时黏膜下血管破裂,根据血管的大小会伴有不同程度的出血。如发现阴道透创,可有肠管等从创口突出,应马上将非阴道内容物推入腹腔,缝合阴道壁。肠管突出多发生在阴道穹窿部的透创。

二、子宫颈损伤症状

子宫颈损伤主要是撕裂伤,初产牛常见子宫颈黏膜轻度损伤,一般可以自愈。如撕裂口子较深才称为子宫颈撕裂。

产后可见少量鲜血从阴道流出,若子宫颈肌层撕裂,伤口应及时处理,如引起大出血,会危及生命。

诊断:

诊断主要靠阴道检查。可以准确找出子宫颈伤口的位置、大小、出血情况。过几天检查,创伤周围肿胀发炎,有黏液性分泌物。此时如果创口小,对准确诊断造成困难;因此要早检查、早确诊、早治疗。

三、子宫破裂

在难产助产时动作粗暴、操作不慎,技术错误或推拉胎牛时器械(梃钩)滑落,截胎时器械触及子宫,截胎采用推剥技术,骨头断端未保护好或未按操作规程、未按关节截断,致使骨端尖锐伤及子宫。难产时间久了子宫壁变脆易破。

在子宫捻转、子宫颈开张不全等产道性难产及胎儿性难产未矫正前,误用催产素或母牛过度努责,阵缩过强等因素都可导致子宫破裂。

按破裂程度分为不完全破裂和完全破裂。

不完全破裂是子宫壁黏膜层或黏膜肌层发生破裂,而浆膜层未破。完全破裂是子宫壁的三层组织全破裂,与腹腔相通,如穿孔较小称子宫穿孔。

症状:

子宫不完全破裂,产后可能有血水从阴门流出,特别在母牛卧下时流出量多而明显,并可继发子宫内膜炎。

子宫完全破裂,若在胎儿排出前,努责突然停止,母牛变得安静、卧地、从阴道内流出血液。若破口很大,胎儿可能坠入腹腔。母牛呈休克状态。引起大出血时,出现急性贫血症状,精神极度沉郁、全身震颤出汗,可视黏膜苍白、心音快而弱、呼吸表浅,全身情况恶化,很快继发弥漫性腹膜炎,1 ~3 日内死亡。破口通常是靠近骨盆入口的子宫体上,方向常为纵行,形状不规则。

如子宫创口很小,位于子宫上部,胎儿已排出,感染不严重,其症状不明显,产后子宫复旧,破口会很快愈合,但子宫下部穿孔,子宫内恶露有可能漏入腹腔,引起腹膜炎。

因插入子宫冲洗器造成子宫穿孔时,则注入子宫的洗液不回流,流到腹腔引发腹痛,全身症状恶化,呼吸急促,呼气有时发出吭吭声。这种医疗事故很少见。

预后:

子宫不完全破裂,及时治疗预防感染,预后良好,否则引起子宫急慢性炎,会造成不孕。

子宫完全破裂,死亡率与破口的大小、位置、出血多少有直接关系。破口大,死亡率高;破口小而且在子宫上部,预后较好。如与相邻组织发生粘连，则长期不孕。

四、治疗

1. 子宫破裂的治疗

发现子宫破裂，发生在分娩中，及时取出胎儿、胎衣。子宫不完全破裂时，子宫内放入抗菌消炎药，如青霉素、土霉素、喹诺酮类药，每日一次，连用 3～5 天，同时注射子宫收缩剂、止血药。

子宫完全破裂，可将带有长线的缝针，由阴门带入子宫，进行缝合。然后每日向子宫内放入抗菌药粉剂或胶囊（不用液体抗生素），破口大则剖腹，取出子宫内残留胎衣，放入消炎药，然后进行子宫缝合；再清洗腹腔中血凝块、污物等。清理干净，用 0.05% 新洁尔灭冲洗腹腔，最后用生理盐水冲洗，或直接用生理盐水冲洗，并将所有注入的药液吸取干净，放入青霉素 400 万单位以上，最后关腹。

术后用 10% 葡萄糖带上青霉素等抗菌药静脉给药。

2. 阴道及阴门损伤的治疗

如胎衣未排出，先止血，然后剥离胎衣。由于牛的胎盘是子叶胎盘，属于上皮结缔绒毛膜胎盘，刚分娩牛的母子胎盘分离不充分，要注意避免损害母体胎盘的子宫阜。阴道损伤，如破口不大，在伤口上涂以碘仿磺胺等外用消炎药；如伤口大，须缝合。则先用 0.1% 的高锰酸钾，清洗创面，撒青霉素粉，结节缝合创口，涂上碘伏。如阴道壁发生透创，应尽快将突入阴道的肠管、网膜推回腹腔，缝合创口。缝合的方法是：左手在阴道内固定伤口并尽量向外拉，右手把穿有长线的缝针带入阴道内小心地将缝针穿过创口两侧，离开创缘约 0.5～0.8 厘米。不要太近以免滑脱。抽出缝针后在阴门外打结，用左手指将结节推回阴道，抽紧，整理创缘，使伤口边缘紧贴而整齐，根据创口大小决定缝合针数。缝合后涂以碘伏。

每日上药一次。切不可冲洗阴道。

3. 子宫颈损伤的治疗

子宫颈损伤出血不止，除及时肌注止血敏 10 ~ 25 毫升或安络血等止血药外，应实施压迫止血法。

方法是：将涂有消炎药的大块纱布塞在子宫颈管内，用粗缝线或其他绳子消毒（药液浸）后拴系好，一端拴在牛尾根部，以便以后取出纱布。

如胎衣未下，应尽快使其排出，以免腐败后引发伤口感染、发炎。

4. 分娩创伤致阴道前庭和外阴疾病的治疗

阴道创伤所致的迟发型疾病，如坏死性阴道炎，在初产牛中常见。常在产后 2 ~ 10 天出现血肿、出血等症状。还有阴道吸气、慢性阴道炎、外阴倾斜（此时外阴向水平倾斜，而不是呈垂直位）、阴道粘连、阴道积水等。

治疗：在治疗、缝合分娩创伤以后，及时止血消毒。整理好创缘以后，用 0.1% 高锰酸钾液冲洗，然后涂以碘伏或敷以青霉素等抗菌药。目的是预防术后感染。

第二节　奶牛产后败血症（产褥热）

产后败血症不是一个独立的疾病，常继发于难产、流产、胎衣不下、子宫脱、阴道脱、子宫内、外膜炎、脓性坏死性乳房炎等产后感染性疾病。

发病原因：

主要是由于难产助产剥离胎衣时操作不慎，不注意消毒，使带入的致病微生物由失去防卫功能的破伤处进入机体、不断繁殖。除在局部造成炎症，还侵入血流、淋巴向全身扩散。当机体防卫机能下降，会造成菌（毒）血症，形成严重的败血症。

致病微生物随血流侵入不同的器官定殖并繁殖，会造成所在器官的炎症，而表现不同的症状。如形成腹膜炎、肺炎、乳房炎、关节炎等。最初大部分是产道内感染没有及时正确的防治，或者是机体抗病力下降而形成败血症。一旦形成败血症，治疗难度加大，预后不良。

产后败血症也是一种全身性感染疾病。

病原微生物突破局部的血液、淋巴的防卫屏障进入血流到达全身各处，不但会形成局部的炎症反应，而且会引发全身性病变。如代谢障碍、毒血症、各器官的退行性病变，肝、脾、淋巴的解毒杀菌能力遭到破坏，机体抗病能力和机制下降，而病原微生物毒力增强、数量增加。如治疗措施不及时，病畜会很快死亡。

症状：

产后败血症多在产后 3～4 日发病，也有早在产后第二日发病的。突然体温升高到 40℃以上，四肢冰冷、结膜充血、战栗、精神萎顿、食欲下降或废绝，但喜饮水；泌乳减少或停止；脉搏快而弱，呼吸数增加，并作排尿姿势和努责，有腹痛现象。最后全身衰弱、卧地不起、食欲废绝；严重病例有磨牙等痛苦状态；阴门流出恶臭味的污血和分泌物，有的最初不流或少流。

此病在诊断上并不困难，只要掌握产后体温突然升高到 40～41.5℃时就应考虑此病，然后作相应的治疗。

预防措施：

1. 加强对干奶期妊娠牛的饲养管理。此时调整饲料的精粗比例，提高钙稳态机制，使钙维持在 9～10 毫克/dL（分公升）也很重要。

增强体质、提高免疫力，使妊娠母牛在分娩时不发生胎衣不下、难产、阴道或子宫脱就能大大降低产后败血症的发生。增强体质不是单靠多喂精料，而是要精粗比例合适，以干物质计算比例为 40:60，而且粗纤维不少于 23%。

2. 搞好奶牛分娩的环境卫生、产房消毒。

3. 及早防治牛结核、牛布氏杆菌病等慢性传染病和寄生虫病。

4. 在难产助产时、剥离胎衣等手术中，注意术前术后的消毒措施，以及术后向产道中放入适当的抗菌、杀菌药物。

5. 注意干奶期妊娠牛要有冬暖夏凉的棚舍设施，保证妊娠牛不受环境应激的干扰。

治疗：

产后败血症的致病菌多为金黄色葡萄球菌、链球菌、大肠杆菌、化脓肝菌、溶血性链球菌等，所以在治疗产后败血症时以消炎杀菌、恢复体质及免疫力为主。

首先是消炎杀菌。

用 400 万青霉素 15 支溶于 5% 葡萄糖注射液中静滴，配合用丁胺卡那霉素 2.0 毫升 ×10 支肌注，硫酸链霉素 8～10 支（1 克/支）溶于 15% 葡萄糖注射液中肌注。还可选用静滴环丙沙星（100 毫升/瓶 ×10 瓶）、氧氟沙星等消炎杀菌药物。

严重病例可静滴氨苄青霉素、头孢噻呋以及其他头孢类抗生素。

其次是配合全身治疗。处方：

40% 乌洛托品，80～100 毫升（尿路消炎，消毒）。

0.5% 维生素 C，80～100 毫升。

50%葡萄糖,500毫升。

复方氯化钠生理盐水,1000毫升。

5%碳酸氢钠,500~1000毫升。

也可配合使用甲硝唑(10毫升×5瓶以上)、替硝唑、奥硝唑等厌氧菌治疗药。

对恶漏多,用0.9%盐水或0.1%高锰酸钾溶液冲洗子宫。肌肉注射氯前列烯醇、缩宫素等药物促进子宫收缩排液。可选用子宫内膜炎的治疗方法。

中药治疗:

中医认为奶牛产后热入血分是母牛产后严重疾病发生的主要原因,外邪由表入里,邪热深入血分,引起伤血、伤气、伤津三伤之症。其症状是病畜精神沉郁、产奶量下降;严重者产道排出豆腐渣样脓血腥臭物、神态昏迷、肢厥、抽搐,最后死亡。

治则:清热解毒、凉血逐瘀、平热扶正、清心开窍。方用"扶正凉血逐瘀散"。

方药:太子参、白术、当归、川芎、白芍、红花、川断、丹参、连壳、荷叶、元胡、焦栀子、王不留行、鸡冠花、生地、元参、石菖蒲、益母草、、桃仁、制术、三棱、甘草等22味。

方解:方中太子参、白术补脾益气、养胃生津;连壳、荷叶、焦栀子、生地、元参、白芍清热解毒、养阴生津;王不留行、鸡冠花、元胡、益母草、桃仁、红花、三棱、当归活血清淤、止痛消肿、破血行气;川芎、川断、丹参活血行气祛瘀;石菖蒲、芳香开窍;甘草调和诸药。

同时辅以消炎杀菌,补液强心,补充能量。

治例:一五岁奶牛,难产,后又胎衣不下,经人工取出后,第3天开始食欲下降、精神沉郁、鼻镜无水、产道排出恶臭的污物,经治无效。第 7 天到达旗兽医站就诊，临床检查发现该牛精神沉郁、不食、体温 40.5℃，口腔黏膜，卧蚕红绛，口温高、舌面干燥、舌苔黄腻，不时呻吟、呼吸喘促，产道排出豆腐渣性脓血性特别腥臭的污物。白细胞 16500/毫米^3、心率 108 次/分。根据上述症状确诊为产后热入血分(产后子宫感染致败血症)。治疗用“扶正凉血逐瘀汤”加减二剂，隔日一剂，同时静注青霉素 3200 万单位，0.9% 氯化钠 1000 毫升、10% 葡萄糖 1000 毫升、地塞米松 20 毫克、庆大霉素 200 万单位、维生素 C 5 克、三磷酸腺苷 10 支、辅酶 A 10 支、安钠咖 1 克，一天一次，连用两天。同时用 400 万单位青霉素加 500 毫升生理盐水清洗子宫，每日一次，连续 2 天，3 天后症状消失。第 5 天又服一剂三伤散。

附　录

古方“生化汤”是治疗人、畜产后疾病的主方和常用方剂。在此将张克家教授关于“生化汤”的论述介绍于此，作为一种治疗产后疾病和产后败血症的重要方药，推荐给大家。

此方源于明代《景岳全书》引钱氏方，见于清代《傅青主女科》，近代逐渐移植运用于母畜产后病症。《中兽医学》(第二版)、《中兽医方剂大全》等收载。

组成：全当归 120 克，川芎 45 克，桃仁 30 克，炮干姜 10 克，炙甘草 10 克，以上为成年马一剂量。水煎去渣，候温灌服，或适当调整剂量研末冲服(原方用黄酒、童便各半煎服)。

功用：本方功效活血化瘀，温经止痛。主治母畜产后恶露不行;症见恶血不尽,有时腹痛。治产科病的一般法则是:产前宜凉(安胎),产后宜温(活血化瘀),该方主在补血活血,凡产后瘀阻而兼血虚有寒者均可应用。

据研究,本方对动物子宫的收缩有显著的增强作用。

方解:产后恶露不行,多因瘀血内阻挟寒所致,治宜活血祛瘀为主,使瘀去新生。方中重用当归活血补血,祛瘀生新为主药;川芎活血行气,桃仁活血祛瘀,共为辅药;炮姜温经止痛为佐药;炙甘草调和诸药,黄酒、童便助药力直达病所,均为使药。诸药合用,共奏活血化瘀,温经止痛之功。本方活血化瘀之力强,使瘀血能化之,新血以生之,故名"生化"。

《成方便读》:"夫产后气血大虚,固当培补;然有败血不去,则新血亦无由而生……方中当归养血;甘草补中;川芎理血中之气;桃仁行血中之瘀;炮姜色黑入营,助归草以生新,佐芎桃而化旧"。

临床运用,临床观察,本方用于产后,能加速子宫复原,减少宫缩腹痛,并有促进乳汁分泌作用。又该方药性偏温,适用于血瘀有寒的产后恶露不行(子宫内一些瘀血排不干净,子宫弛缓),对产后子宫复位不全、母畜卵巢硬肿不发情也有一定效果。若有热象(体温升高、脉数等)或其他征象,则需加减后运用。有关生化汤加减临床运用报道举例如下:

生化汤加减(当归 19 克,川芎 13 克,红花 13 克,桃仁 13 克,枳实 13 克,槟榔 13 克,三棱 13 克,莪术 13 克,黄酒 250 毫升,大枣 125 克,红糖 125 克为引,共为细末,开水冲,候温加入黄酒、红糖,一次灌服。1 日 1 剂,连服 3 ~ 5 剂)治疗马、驴卵巢硬肿不发情病 18 例病畜,不但全都发情配种,而且有 14 例怀胎。

生化汤加味(当归,川芎,桃仁,炮姜,炙甘草,党参,甲珠,山楂)治疗奶羊产后子宫收缩不全 200 余例,均获良效(辽宁畜牧兽医,1981 年第 1 期第 31 页)。

生化汤(当归 120 克,川芎 45 克,桃仁 30 克,炮姜 10 克,炙甘草 10 克,黄酒 100 毫升,童便 1 碗,煎水兑童便内服,治疗母水牛血瘀型产后恶露不尽,一剂获救(王天益:《中兽医牛病诊治医案选》,179 页,湖南科技出版社,1985 年)。

生化汤加减(当归 15 克,川芎 15 克,桃仁 109 克,丹皮 209 克,木通 30 克,栀子 30 克,黄柏 40 克,连翘 30 克,益母草 30 克,防已 30 克,柴胡 30 克,煎水灌服)治疗老母猪湿热带下症,一剂而愈(王天益:《中兽医病证诊疗经验》,99 页,四川科技出版社,1987 年)。

益母生化汤(当归 90 克,川芎 30 克,桃仁 30 克,炮姜 20 克,甘草 15 克,益母草 90 克,白酒 150 毫升,药煎汤去渣,候温冲入白酒,同调灌服)。用该方治愈母牛产后恶露不尽 10 多例。生化汤加入益母草,增强了原方祛瘀生新之力,用于母畜产后瘀血凝滞,恶露不绝,屡获卓效(张世梧等:《中兽医方药应用选编》,93 页,上海科技出版社,1989 年)。

生化汤加昧治疗耕牛产后寒凝腹痛,产后气血亏损腹痛、胎衣不下、恶露不净、产后发热诸症,疗效显著(中兽医学杂志,1987 年第 1 期,第 33 ~ 34 页)。

奶牛产后败血症往往被误诊,耽误了治疗时机。

有一头奶牛产后不食,第三天卧地不起,体温一般在 39.5℃左右,病情日渐恶化。经多位兽医治疗无效死亡。死后剖检见子宫内蓄有大量灰红污秽的血脓等炎性分泌物。但生前产道里流出少量污血,所以多数兽医都以产后瘫痪治疗、大量补钙,无效而死。

这是一例产后子宫感染所致败血症致死的奶牛。但生前体温升高不明显,阴道流出的污物不多。所以被人们误诊为产后瘫痪,而大量使用钙剂,没有考虑到消炎、清宫等措施。在诊治患病奶牛特别是产后不久的奶牛,一定要详细检查。产后卧倒不起的病不一定全是奶牛瘫痪症,更要多方考虑,详细检查。或者在治疗用药时增加用药的范围,既补钙也给消炎排污血清理产道的药物,以利子宫早日复旧。早日恢复其生理功能。

第三节　奶牛产后子宫出血

发病原因:

产后子宫出血常见于难产助产、胎衣剥离手术粗鲁造成产道黏膜、绒毛膜、肌层等组织损伤破裂或母体胎盘血管破裂,也见于由传染病、寄生虫影响所致出血。

产后阴道常排出少量血液是正常现象,不必治疗,自然就逐渐减少、停止。这种出血是子宫胎盘剥离时,生理性出血,随着其他污物一同排出量不很多。

如果产后特别在助产或剥离胎衣后出现大量出血而且颜色鲜红,可视为子宫出血。不过子宫内出血最初是积存于子宫内不马上排出,当卧下时突然流出。由于在子宫内存留一段时间,所以排出来的往往是凝固了的片状、块状、条状的血凝块。

症状表现:

病畜不安、努责、频尿带血。大量出血时有全身贫血症状。表现食欲下降、结膜苍白、角膜淡灰蓝色。一般情况下,不会合并其他感染性疾病,少量出血病牛没有明显的临床症状。在诊治时应注意区别以下情况:

1. 当子宫完全破裂或穿孔时，病牛努责突然停止，从生殖道流出鲜红血液。

2. 如血液大量流入腹腔，表现急性贫血症状，可视黏膜苍白、脉搏细弱而快，患牛表现漠然。

3. 如全身震颤、出汗可能有肠管网膜等突入子宫内。

4. 如子宫不完全破裂，但已深达肌层，严重时有腹疼、腹膜炎症状，呼气时发出吭吭声。

5. 如患牛阴道阴门受损常有尾根举起、摇尾、弓背、努责等症状，夏季后部有蝇蛆生长。如子宫破裂，因微生物侵入，患畜发生弥散性化脓性腹膜炎，很快死亡。

治疗：

1. 首先使病畜安静，适当抬高后躯，站在前低后高的地势处。以自重压迫和伤口血凝止血。

2. 如确诊子宫或生殖道其他部位有破伤出血，不应再做子宫内或直肠检查，以防扩大伤口。

3. 采用腰部（百会穴为中心的周围）冷敷法，以促进子宫内血管收缩。

4. 药物治疗：

皮下注射 0.1% 盐酸肾上腺素，5～10 毫升。

肌肉注射 0.5% 安络血，5～20 毫升。

肌肉注射维生素 $K_3$10～40 毫克/次，一日 3～4 次，或肌肉注射止血敏、仙鹤草素等。

如果破伤严重出血快而量大，光靠止血药是难以见效的。

严重时口服云南白药和其中的急救丸，同时将云南白药撒在破伤处局部止血。

皮下注射麦角、催产素（30～100 单位、）等促进子宫收缩止血。注射催产素时要掌握剂量和次数。次数多而集中会造成人为子宫脱出。一般掌握24小时3~4次。

止血药的选用：

止血药是临床上常用药物。分为局部止血药和全身止血药。

(1)局部止血药：

凝血酶：以其粉末或液体浸湿棉球涂敷患处，用于毛细血管出血的止血。

三氯化铁：常用1%~5%的水溶液浸湿棉球，敷于出血局部，作为尿道出血、鼻出血等的止血药。

明胶海绵，淀粉海绵：常用于体表小血管出血，采用压迫、填塞止血，外敷止血。

止血粉：中药制剂，有的制剂可内服，用作消化道止血，有的制剂是外用的，用于各种外伤出血。

较大的血管出血用局部止血药不能马上发挥止血作用，此时可用结扎和烧烙等止血法。

(2)全身止血药：

止血敏：可用于手术前后的预防和止血、其他出血的止血。

维生素 K_3：做为出血性疾病防治及手术前后出血防治药。

6-氨基己酸(氨己酸)作为纤维蛋白溶解性出血止血药。

凝血质：用于凝血酶原过低所致的内脏出血。鼻出血、紫癜及外科手术出血、局部出血等。

仙鹤草素：用于内外出血及鼻出血。

中药，白芨、云南白药、三七、地榆、槐花、紫珠草等都有不同程度的止血作用。其中云南白药是常用外用止血药。

在出血严重时及早采取手术措施缝合止血、结扎止血、压迫止血达到迅速止血的目的。

当发现病牛不安、有严重的贫血症状时要及时补液，静滴右旋糖苷500~1000毫升，葡萄糖生理盐水500~1000毫升、25%葡萄糖500毫升以及其他血浆代用品。同时要加维生素C、止血敏、葡萄糖酸钙10%~500毫升、安钠咖10%~20毫升。

在补液时注意Na^+和K^+的平衡，因为K^+存在细胞内液中，Na^+存在于细胞外液中，如果它们失去平衡，因细胞张力的变化，会直接影响细胞的正常代谢和活力。

5. 手术治疗

子宫破裂不完全或面积较小，可带入缝针缝合一两针；破裂并出血严重时，应剖腹缝合子宫壁，如怀疑穿孔，应避免冲洗。以防洗液进入腹腔。

阴道壁（宫颈、宫体）穿透创口要尽快缝合。

缝合时，首先将进入阴道内的肠管、网膜、脂肪等组织推入腹腔，左手伸进阴道固定伤口，尽量向外拉，右手拿长柄持针器把穿有长线的缝针送入产道，小心地将缝针穿过创口两边，抽出缝针，在体外打结、同时左手伸入阴道，左右手配合将线结拉紧，助手在体外打第二个结。创口大须作几个结节缝合。

如子宫破口很小，位于上部，胎儿已排出，随着子宫收缩而缩小，伤口自愈，不必缝合。

6. 中药治疗

①血府逐瘀汤：

当归15克、桃仁12克、红花12克、赤芍12克、川芎12克、生地12克、柴胡6克、枳壳12克、桔梗9克、牛膝12克、甘草9克。共为末、开水冲服。方中剂量适用于成人，用于奶牛根据体重增加剂量。

方解：方中当归、红花、桃仁、赤芍、川芎都是活血祛瘀之药；生地、当归养血;柴胡、枳壳、桔梗开胸散结;牛膝引血淤下行;甘草调和诸药。血瘀型子宫出血可去开胸散结之药,加些止血药。

②十灰散(中药方剂学):主要用于止血。

大蓟、小蓟、荷叶、侧柏叶、茅根、茜草根、大黄、栀子、棕榈皮各等分,炒黑存性,为末,开水冲服。

此药寒凉,有收涩作用,血止停药。

③产后血虚、头垂耳低、两目无神、反刍减少、四肢无力、行动迟缓、卧多站少,口色淡红、脉浮无力,可选用八珍汤、补中益气汤,以理气、补血、健脾为治则。

方:山药、当归、陈皮、白术、阿胶各 18 克,茯苓 25 克、党参 15 克,砂仁、五味子、大腹皮、南苏叶、甘草、干姜各 15 克,炙芪 15 克。

方中黄芪、党参、陈皮、白术、砂仁能理气健脾;当归活血生血;山药、五味子、茯苓、阿胶能补阴生液;干姜暖宫去淤;大腹皮消满利水。故本方用于产后血虚之症。

④补血状元散:

归身65 克、川芎 20 克、沙参 33 克、党参 33 克、炙黄芪 100 克、焦白术 33 克、熟地 65 克、肉苁蓉 33 克、五味子 25 克、麦冬 33 克、肉桂 33 克、炒枣仁 25 克、炒柏仁 25 克、川断 65 克、炮姜 33 克、茯神 33 克、炙百合 33 克、炙香附 33 克、炙草 19 克、大枣(去核)20 个。

开水冲服,两日一副,可服五副。

第四节　奶牛产后胎衣不下

奶牛胎衣不下是指在分娩后 12～24 个小时胎衣不能顺利排出。正常情况一般都在 4～12 小时内排出。据资料和不同牛场报道,其发病率在 10%～40%之间。尤其在农村个体养牛户中其发病率更高。胎衣不下易诱发乳房炎、子宫内膜炎等产后疾病。给奶牛生产造成较大经济损失。在规模化特别是多年的奶牛场胎衣不下的因素很多,现分别叙述如下。

发病原因:

1. 干奶期饲养管理不当。

①饲料霉变。奶牛采食霉变饲料会增加胎衣不下的发生率。Romaniuk(1985)报道,怀孕母牛采食含霉菌毒素的青贮后,胎衣不下发生率高达 25.5%。

②日粮营养搭配不合理,饲养管理差,干奶后期日粮中钙和磷的含量过多,导致体内钙磷代谢失调,从而影响钙磷吸收,造成产后低血钙和胎衣不下。Roqoziewicz(1979)发现,母牛在钾含量高、镁含量低、钠严重缺乏的牧场上放牧,胎衣不下发生率高达 50%。干奶期奶牛的日粮中硒、维生素 A、维生素 E 含量不足,也可增加胎衣不下的发生率。干奶期奶牛的饲养管理较差,日粮中能量和蛋白质过度缺乏,牛体况较差,产后则无力排出胎衣。如果干奶期能量过高,牛会过肥,也会导致胎衣不下。

③不正确干奶。对于产奶量还处于较高水平的牛,无论如何不能采取全部断料的办法来达到干奶的目的,此法虽然断奶快,但

母牛常因饲料中能量不足继发明显的胎衣不下。有人做试验，试验组21头牛，用断料干奶法，有14头顺利排出胎衣，胎衣不下率为33.3%。而对照组21头牛，正常干奶，有18头顺利排出胎衣，胎衣不下率为14.3%。

2. 母牛异常分娩与胎衣不下发生有关。因为胎衣正常排出是由于胎盘细胞膜破裂，释放出水解酶，使子宫内的子叶和胎盘发生生理性坏死，从而分离了胎盘与子叶，一切不正常分娩失去了正常机能会造成胎衣不下；双胎和难产奶牛胎衣不下发生率偏高；由于分娩时间过长，在分娩过程中母牛机体内分泌机制紊乱，雌激素分泌不足，再者母牛用力过度而衰弱，产后子宫收缩微弱，分娩时间延长，子宫阜和子叶组织氨含量和浓度增加，致使母体胎盘与胎儿胎盘发生水肿，引起胎衣不下；流产死胎时，胎盘上皮未及时发生变性，雌激素不足及孕酮含量高而引起胎衣不下。

3. 运动不足。运动不足也会增加胎衣不下的发生率，上海光明乳业公司试验表明，在牛舍饲养母牛482头分娩母牛中，胎衣不下发生率为17.6%，而另一群饲养条件相同，但实行开放式管理，保证足够的运动，298头次分娩母牛胎衣不下出现率为7.2%，差异极显著。在分娩前30~45天，每天驱赶舍饲的荷斯坦青年牛，则使其产犊更容易，胎衣排出，子宫腹旧也更快。所以规模化奶牛场因为有运动场等配套设施，胎衣不下明显少于散养户。

农村栓系养牛，妊娠牛没有活动空间和时间，造成奶牛胎衣不下多发。

4. 孕期缩短、胎水过多、胎儿太大、双胎等。孕期缩短可明显导致胎衣不下。胎衣排出是一个复杂的生理过程，在分娩前的较长时间里，胎儿和母体胎盘会出现结构和功能上的变化，逐渐成熟，如怀孕期缩短，这一成熟过程没有完成，一般会出现胎衣不下。

有人用地塞米松250毫克和氟前列烯醇500微克对孕期276～278天的70头牛引产，结果胎衣不下的发生率为64%，而33头非引产牛为零。实践中早产、流产的奶牛胎衣不下发生率高于正常分娩。主要由于维生素A缺乏，肾上腺、垂体发育不全，或子叶退化提前，导致孕期缩短。

胎水过多、胎儿过大、双胎等均可造成子宫收缩无力使母体胎盘与胎儿胎盘粘着而致胎衣不下。

5. 应激。在胎衣排出的过程中，子宫的收缩可将胎儿和母体胎盘的大量血液挤出，减轻绒毛和子宫黏膜窝的张力，绒毛易从腺窝中脱离。而应激则会抑制子宫的收缩。

分娩也是一种应激反应，在分娩过程中，任何一个微小的干扰都能使胎衣排出时间延迟，在安静、清洁的环境下产牛，胎衣不下发生率明显减少。在嘈杂环境下产犊胎衣不下发生率明显增加。

6. 年龄。据213头次分娩母牛的观察，初产母牛胎衣不下发生率为8.7%，而经产母牛为14.3%。年龄大胎衣不下的发生率高。

7. 母牛妊娠期间子宫受感染易发生胎衣不下。在患子宫内膜炎、布氏杆菌病、胎儿弧菌病、支原体病、李斯忒氏杆菌病、沙门氏杆菌病等传染性疾病时，使母体胎盘与胎儿胎盘之间发生炎症而粘连，不能正常分离造成胎衣于产后不能正常排出，增加了胎衣不下的发病率。

8. 有时胎衣已正常脱落，由于未孕角强烈收缩或其他原因致子宫颈收缩快，把胎衣挤在子宫内不能顺利排出。这种情况少见。

9. 流产、早产、取胎、子宫扭转都可能于取出胎儿后由于子宫收缩无力、母牛疲劳、虚弱、努责无力延缓胎衣的排出。

这还与胎盘上皮变性不及时、雌激素不足、孕酮过量有关。特别在流产、早产的早期为了保胎大量注射了黄体酮也会影响胎衣的正常排出。

10. 牛胎盘属于绒毛膜与结缔组织绒毛膜混合型胎盘。胎儿胎盘与母体胎盘结合比较紧密(绒毛和母体子叶腺窝有结缔组织粘连)更易出现胎衣不下。这也是奶牛较其他动物更易出现胎衣不下的生理结构性原因。

总之,宫缩无力和胎盘结合紧密是胎衣不下的两个重要因素。母牛的分娩过程是在多种神经体液因素配合协调作用下形成的,分娩和胎衣剥离与胎儿激素、母牛孕激素水平有很大关系。

还有,胎盘未成熟,出现非感染性流产、早产或绒毛水肿、胎盘过度萎缩、胎盘充血、胎盘炎、子宫子叶炎、胎盘小部位的上皮坏死都是胎衣不下的直接原因。

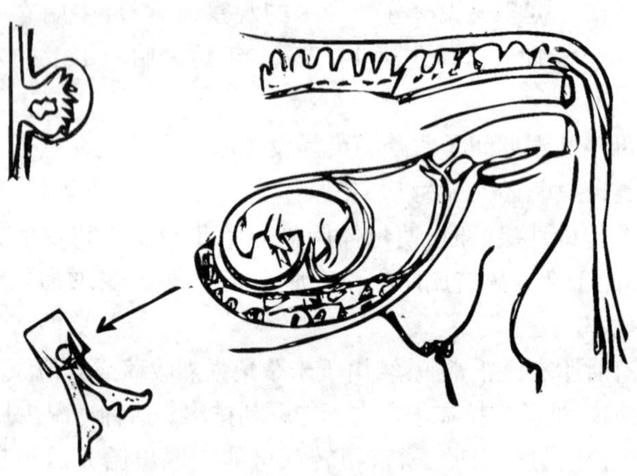

图 4-1　牛胎盘结构模式

症状：

母牛分娩后不能按时排出胎衣，大部分奶牛胎衣不下的表现是在阴门外悬挂部分胎衣而不能顺利全部排出，有的只是胎膜脐带等，有的在外露部分上见到分离的胎盘。

一般无全身症状，饮食正常。如果通过外露胎衣，子宫内膜被致病微生物感染，会发生不食、反刍减少、鼻镜干燥等症状。有时举尾、弓背、努责。

胎衣不下经过3天以后，就会在子宫内腐败分解；分解后的有毒产物被子宫吸收，也会出现全身症状：精神沉郁、不食、奶产量下降、反刍减少或停止、体温升高。有的发生腹泻、瘤胃迟缓、瘤胃鼓气等。

大部分胎衣不下奶牛的胎衣会在第五、第六天因胎盘腐败分解而自行脱落其大部分或全部。也有在阴门外悬挂十余日之久，有的外露部分很长，超过飞节，甚至拖地也不掉下，经手剥离时，子宫内只在深部有几个胎盘粘连而排不出来。

治疗：

1. 促进子宫收缩

皮下注射比赛可林0.25% 10～20毫升（最大量）1～2次即可，隔12小时注射第二次。

比赛可林是氯化氨甲基甲酰胆碱，具有乙酰胆碱的全部作用，产后注射比赛可林能够促进子宫收缩和胎膜与子宫阜分离，达到治疗胎衣不下的目的。

病初皮下或肌肉注射脑垂体后叶素40～80单位，2小时后重复注射一次；催产素8～10毫升（50～80单位），一次后海穴注射，要在产后24～28小时内使用，催产素的半衰期仅30分钟，注后1～2小时胎衣不脱出，可补注一次。或皮下注射乙烯雌酚20毫克。

肌注前列腺素类药物,如氯前列烯醇。

静滴10%浓盐水,200~400毫升。

甲基硫酸新斯的明30~40毫升,肌肉注射,重复注射用20毫升,以加强子宫收缩力,促进排衣。

2. 促进胎儿胎盘与母体胎盘分离

将双氧水50~70毫升用橡皮管或一次性输液器注入母牛子宫深处,双氧水产生的泡沫渗入母体胎盘腺窝内,可达到分离胎盘的目的。

也可注入5%~10%的高渗盐水2000~3000毫升,使胎盘缩小,从母体胎盘上脱落。高渗盐水有刺激作用,注入的盐水过几分钟后要抽排出来。

用10%碳酸钾10~20毫升,洋甘菊花(50克)浸出液1000毫升,当归面50克混合一次灌服。

3. 预防胎衣腐败及子宫感染

在产后24~48小时以后,胎衣不下,在等待胎衣自行排出期间,将金霉素(0.5~1.0克金霉素用量过多会影响子宫自净)、土霉素、氯霉素、四环素或青霉素、链霉素、磺胺类药以及宫必治、宫颈康、宫得康等成药放入子宫中,隔日一次,放1~3次。或用法国产达立郎1~2粒送进子宫口内,能有效预防子宫感染。

当胎衣脱落(胎衣腐败脱落)或手术取衣以后,用土霉素30粒、碘仿磺胺30克、洗必泰10枚放入子宫中,或用50单位催产素、30克碘仿磺胺加灭菌蒸馏水100毫升,注入子宫中,视效果如何,可隔日再放第二次。对产后12小时胎衣不下者,用土霉素5~8克、利凡诺尔少许、生理盐水500毫升,进行子宫灌注。

如有全身感染中毒症状,发生食欲下降,隔日灌注一次;体温升高、努责频繁,要进行全身治疗。

静滴头孢噻呋2毫克/千克体重，每日一次，或氨苄青霉素、环丙沙星等抗菌药物。

有报道，治疗羊胎衣不下用10%盐水500毫升、胰蛋白酶1.0～1.5克、洗必泰1枚，沿胎衣与子宫壁之间用胶管注入，1～2小时后，耳后皮下注射0.1%新斯的明1～2毫升，一般1小时后，胎衣即可排出。此方可适当增加剂量试用于胎衣不下患牛。

如子宫口收缩、胎衣排不出来，可肌注乙烯雌酚10～30毫克、使子宫颈张开、排出胎衣及污物，然后放入消炎药、抗菌药物。

4. 中药治疗

以补气养血、温经祛瘀为主。以中药配合西药治疗效果更好。

方1. 加味生化汤：

当归100克、川芎40克、桃仁40克、炮姜40克、炙草25克、党参50克、黄芪50克。

共为末，开水冲调，凉后加黄酒200毫升、童便1碗为引，灌服。

方2. 加减补中益气汤：

党参75克、黄芪100克、柴胡25克、当归50克、白术50克、川芎25克、陈皮40克、炙草25克。

方3. 活血祛瘀汤：

当归60克、川芎25克、五灵脂10克、红花20克、枳壳30克、乳香15克、没药15克。

共为细末，开水冲起，待凉加入黄酒5两，灌服。

本方适用于体温升高、疼痛不安、经常努责的患牛。

方4. 当归60克、桃仁40克、益母草40克、红花30克、党参40克、黄芪40克、海金沙30克、炮姜40克、甘草15克，煎服加白酒250毫升，一次灌服。

方 5. 益母草膏 1000 克，加温水适量灌服，数小时后未下衣者可再灌一次，或用红花针剂 8～10 毫升(0.1 克/毫升)肌肉注射。

方 6. 益母草 120 克、艾叶 60 克，生桃仁、炮姜、生蒲黄各 24 克，赤芍、川芎、当归、白术各 20 克，黑豆，红糖各 150 克，炙甘草 15 克。

共为细末，开水灌服。

病畜瘦弱者加黄芪、党参各 30～80 克，体温高有全身症状的加黄芩、黄栢、柴胡、双花、连翘各 35 克以上。子宫颈口闭锁的加炒枳实 150 克，腹痛肚胀的加小茴香、元胡、川朴、陈皮、莱菔籽各 15～30 克。

方 7. 干胡萝卜缨 2.5～3 千克，烧水(煮)沸后冲 250 克红糖待冷饮母牛。治母牛胎衣不下治愈率 90%，可同时向子宫内灌注青霉素 600 万单位(溶于 2000 毫升生理盐水)。

曾遇一奶牛产后 3 天未见胎衣排出，经检查，阴门外无胎衣悬垂，阴道内也无异物，子宫颈口已收缩，诊断为奶牛吃了胎衣，但畜主未发现牛吃，怕胎衣滞留在子宫内。经检查未查出胎衣滞留，嘱畜主注意观察，20 日后随访，该牛一直健康无异常，既无胎衣排出又无恶漏，进一步说明以前的诊断是正确的。

一般胎衣滞留不久(72 小时)即开始腐败，发出恶臭味，流出污红色黏液状液体，有时混有白色腐败胎衣、胎盘，如果不及时处理，腐败产物被吸收后，奶牛会发生体温升高，呼吸心跳加快，食欲反刍减退或停止的全身中毒症状。此时奶产量下降，瘤胃迟缓，腹泻，患牛常有弓背努责，严重时可并发生产后败血症。

5. 手术治疗：(剥离胎衣)

如药物治疗无效，胎衣不下已超过 72 小时可施行剥离手术。一般情况最好不用手工取衣，有的因剥离技术不规范，使产道损伤、出血,严重感染。致奶牛死亡和长期不孕。

能够按照操作程序,严格消毒,遵守剥离方法,是可以采用手术剥离胎衣的方法。剥离胎衣时,首先用温水灌肠,排出直肠中积粪或伸手掏净。以防在剥衣过程中受排粪污染。再做好外阴消毒清洗,在开始剥离前向子宫内注入 0.1% 高锰酸钾水清洗,将洗液抽出。为了避免胎衣缠手,妨碍操作,可向子宫内注入 1% 盐水或 0.9% 盐水 500 ~ 1000 毫升。在产后 3 天前剥离胎衣,由于胎衣完整,胎膜缠手;在 3 天以后或外露部分较多时,少有缠手现象。

术者手臂要用 0.1% 新洁尔灭清洗消毒,剪去指甲。为了避免抠伤子宫壁,最好袋上乳胶手套。如怀疑该牛有布病、结核病、其他病毒病,术者要戴上长臂乳胶手套搞好自身防护。由于长臂手套较厚,操作上有些不便。现在常用一次性长臂手套,很薄,使用便利。

不戴手套,为了操作便利,手臂上可涂石蜡油。

剥离方法有"反剥法""挤剥法"。左手在外拉住胎衣,右手沿着胎衣表面,伸入子宫,由近及远一个一个往下剥。最好是一个一个完整地取下来。在 4 ~ 5 日以后取胎衣,已有部分腐败取不完整。对结合紧密的不可强行剥离,实在剥离不了可以停手,在剥离中如果见到鲜血,即可停手,不要因为取衣造成严重出血。

牛的胎盘是子叶胎盘,胎儿胎盘像一顶帽子扣在母体胎盘上。剥离胎衣就是使母子胎盘脱离。正常情况产后 4 ~ 12 小时自然脱离,胎衣按时脱出。

反剥法就是把胎儿胎盘从母体胎盘上抠下来,取衣时可用食指与拇指,或食指与中指夹住胎儿胎盘,轻轻往下剥,连剥带拉取下为止;挤出法是将子宫阜从胎儿胎盘中挤出去。

有些奶农不懂牛胎盘结构的特点,伸进手去只将黏附在胎盘上的胎膜扯下来,真的胎盘都留在子宫阜上。所以取衣后长期排出块状、片状物,恶漏不止。

取衣后,如果胎衣没有腐败,无臭味,可以不冲洗,只向子宫中放入青霉素400万×3~5支,链霉素5克以上,或土霉素等抗菌药或宫必治、洗必泰10枚。

如已腐败(在3~4日后多数已有腐败)可用0.2%过锰酸钾,或0.1%~0.01%新洁天液冲洗,并导出冲洗液,再用0.9%盐水适量(500~1000毫升)冲洗后,彻底排除清洗液,然后放入足量的抗生素药,以及其他抗菌消炎保护子宫的成药。

如果奶牛基本健康,不采取任何措施,让其自落。多数胎衣不下的奶牛可在6~11日间自然排出。

决定取胎衣不可早于产后72小时,因为在72小时以后,胎盘开始坏死、腐败,易于从肉阜上剥下来。

在一周内可以试用捻转的方式将胎衣旋出,但不可硬拉。

预防措施:

1. 在奶牛分娩时,把排出的羊水收集到一容器中,产后让母牛自饮,数量不限。

母牛分娩后,让母牛舔干犊牛身上的黏液,增加激素、促进排衣。

2. 补磷钙糖,产前注射维生素D,饲喂高能饲料及维生素A、D、E添加剂。

临产前2~3日,静注10%葡萄糖酸钙500毫升2~3次,或氯化钙也可以,以提高血钙浓度,提高子宫肌肉的兴奋性和紧张度,促进产后尽早排出胎衣。

3. 产后尽早饮服益母草煎液。有利于预防子宫炎、产后衰竭、酮病和生产瘫痪等病。

4. 在干奶期按科学标准饲养干奶牛，保证能量、蛋白质、维生素A、钙、磷等营养物质的供给。保证有适度的运动。奶牛分娩后若出现血钙、血磷、血糖的降低，影响母牛的生理机能，子宫收缩无力，影响胎衣排出。

通过在日粮中添加$(NH_4)_2SO_4$和NH_4CL（硫酸铵和氯化铵）使日粮阴阳离子平衡，提高血钙的同时降低胎衣不下的发生率。

临产前2~3周，奶牛精饲料喂量控制在奶牛体重的1%以内，配方按照高蛋白、低钙水平、干草自由采食的低钙饲养法。

在产前25~35天，一次肌注亚硒酸钠、维生素E注射液50毫升，产前7~10日，对体虚及有胎衣不下史的牛一次肌注维生素D_3，可明显降低胎衣不下的发生率。

对老年、高产和有胎衣不下史的母牛，临产前3~5天采用糖钙疗法。即隔日静注25%葡萄糖溶液和10%或20%葡萄糖酸钙各500毫升。此法可有效降低胎衣不下发生率，还可以预防乳热症的发生。

5. 人为控制产犊季节：一般夏季胎衣不下发生率偏高，在不影响奶牛均衡发展的情况下，尽量避开炎热夏季产犊。必须夏季产犊的，要做好防暑降温，不使临产母牛消耗过大。

6. 合理规划经产奶牛群的结构，胎衣不下随着产犊间隔的延长而呈正相关。上胎胎衣不下的奶牛，下次分娩胎衣不下显著升高。

哈尔宾市某奶牛场规划比例为1~2胎占45%，3~4胎占35%，5~6胎占15%，7胎以上占5%，经产母牛淘汰率为15%~20%。这种规则措施可以减少繁殖疾病和其他疾病的发生率。

第五节　奶牛子宫内膜炎，附子宫肌炎治疗

子宫内膜炎是奶牛产后最常见的产科疾病之一，引发该病的主要原因是子宫内感染并未能及时清除的病原微生物，患有子宫内膜炎的奶牛，发情不正常，多是屡配不孕或早期流产。长期病患，可导致子宫内膜发生严重损伤，最后造成不孕，不得不淘汰。

病因：

对正常妊娠及未孕奶牛的子宫细菌研究表明，有 20% ~40% 的奶牛子宫中有细菌，对孕母牛奶牛子宫中微生物菌群进行研究表明，引起生育能力下降的细菌一般是非特异性的。

引起子宫内膜炎的病因可以归纳为以下几类：

1. 分娩异常

奶牛分娩异常，如流产、难产、双胎、胎衣不下、子宫脱出等均可继发子宫内膜炎，引起子宫复旧延迟、子宫内膜复旧缓慢和延迟受孕。由于奶牛的子宫在发情期比黄体期对感染的抵抗力高，因此，如果卵巢恢复周期活动的时间延迟，则子宫内膜炎的发病率就可能升高。

2. 产道损伤

阴门的严重损伤有时可以引起气膣，尤其是老龄奶牛更是如此。因为阴道中形成气膣，所以粪便、尿液、空气等进入阴道前端，引起慢性子宫颈炎，进而引发子宫内膜炎。

3. 配种和人工受精以及检查时消毒不严，病菌乘机侵入，引起奶牛发病；公牛有滴虫病、弧菌病、布氏杆菌病等通过交配或人工

受精可将病原微生物传给母牛，由此并发子宫内膜炎；公牛的包皮中常会有病菌，通过采精或自然交配而将这些病原传给母牛。现在多用冻精配种，如果不按操作规程输精，不用一次性输精用品会增加传播疾病、引发子宫内膜炎的机会。

4. 产后感染

据研究，产后 10 ~ 15 天，90% ~ 100% 的奶牛会发生子宫感染，到产后 30 ~ 40 天，感染率降低到 30%，到 60 天时降为 10% ~ 20%。产后早期多为混合感染，主要的病原菌为葡萄球菌、链球菌、大肠杆菌、变形菌、假单孢菌、化脓棒状杆菌、支原体等，还有放线杆菌、克雷伯氏杆菌等。

由于各地各奶牛场饲养管理条件差异大，因此国内外报道引起子宫内膜炎的病原微生物种类和出现频率很不一致。一般来说，子宫内混合感染在产后前几周对生育的影响不是很大，到产后 21 天，如果子宫中仍然存在化脓杆菌，尤其在产后 50 天，仍有感染时，就会引起子宫复旧延迟及严重的子宫内膜炎，受孕的机率非常小。子宫复旧时化脓杆菌暂时性感染，对生育力的影响不大，如果持续感染，不能及时清除，则会引发严重的子宫内膜炎或子宫积脓，严重影响生育力。注意，这种清除是机体自我保护的生理能力。经过分娩，子宫的生理预防机能受到破坏，如子宫颈口开放、宫颈黏蛋白塞子脱落、子宫黏膜上的黏蛋白、抗体蛋白等保护膜受到破坏，不能阻止并清除病原微生物而致病。

5. 其他

奶牛过肥或患有代谢病，如低血钙、酮病等均可使子宫内膜炎发病率升高；受季节影响，冬春产犊的奶牛患子宫内膜炎的机率也较高。

在正常配种和分娩过程中，病原微生物都可能侵入引发子宫内膜炎。在难产助产时,胎衣不下、子宫复旧迟缓、布氏杆菌病以及阴道炎、宫颈炎前移,更易引发子宫内膜炎。

还有些常在菌或其他部位炎症,通过血流、淋巴转移而来。这些都与奶牛的健康状态、抗病能力、子宫自净能力有很大关系。产后大部分奶牛的后生殖道都有不同程度的感染,主要是靠自身的免疫能力和子宫的自净作用清除病原菌,尽快使子宫复旧,恢复正常的生殖能力。

总之,病原微生物感染,营养因素,季节影响,环境卫生,以及子宫内环境变化,胎衣滞留,机体免疫功能的降低都是子宫内膜炎的发病原因,有人提出胎次、年龄的影响因素,还有人提出遗传因素,如荷斯坦奶牛此娟姗奶牛的子宫内膜炎发病率高。

症状:

子宫内膜炎的炎症常分为急性和慢性两类。

急性子宫内膜炎包括产后脓性卡他性、伪膜性及坏死性等几种。此时子宫黏膜充血肿胀,从阴门经常排出灰白色液性黏脓性有腥臭味的分泌物。

1. 产后急性脓性卡他性子宫内膜炎:产后从子宫排出脓性分泌物,常附着在阴门和尾根上,卧下排出更多;无全身症状或体温略有升高;食欲及产奶量稍低;有时作排尿姿势、呻吟、弓背、努责。阴道检查见宫颈外口肿胀、充血、稍张开;阴道底部常蓄积渗出物。直检时发现一个或两个子宫角变粗、壁厚,有时还有疼痛,如有分泌物蓄积,呈面团状,有波动感,子宫收缩力不敏感。

2. 产后伪膜性子宫内膜炎:从阴门排出大量片絮状、颗粒状、淡红色、棕黄色、白色的分泌物;体温升高,食欲反刍均停止。

3. 产后坏死性子宫内膜炎:病畜经常努责,阴门内排出鲜红色的稀糊状液体,含有分解的组织碎片,恶臭。

4. 慢性黏液性或轻症子宫内膜炎，常表现为发情周期不正常，有的发情周期正常，但是屡配不孕，在发情时从阴门流出多量浑浊带有絮状物的黏液。常发生早期胚胎死亡而流产。

慢性黏液脓性子宫内膜炎：全身反应较轻，精神不振、食欲欠佳、体温稍有升高、发情周期不正常，自阴道排出灰白色或黄褐色黏稠或稀薄的脓性分泌物，在牛尾、阴门周围、大腿后部黏附量不等，但一眼就可看到。

产后正常的排出物是黏液和血液的混合物，黏液量比血量越多越说明子宫生理活动正常。

在产后 10 天排出大量黏液，说明子宫复原进程正常，但要注意它的黏稠度和气味。

产后 48 小时内恶露量大，从 100 毫升到几升，有的在刚产后并不排出，通常在第三天开始大量排出，持续到第 10 天。到 9 ~ 10 天排出物呈粉红色、褐色，血量增加。这是因为母体胎盘坏死脱落，使子宫内膜表面血管裸露形成的。这种血性黏液分泌物可持续到第 15 ~ 18 天。

但在此期间内任何一天都有可能感染致病微生物，发展成为局灶性或全身性脓毒性或中毒性子宫内膜炎。一般是在 7 ~ 10 天之内发病，再晚些子宫复原，子宫颈口封闭抗感染能力增强，与外界相通的机率少，感染的机会也少。

如果在此期间出现体温升高到 40℃ ~41.5℃，心动过速、食欲不振、奶量下降、瘤胃蠕动停滞和毒血症，脱水、腹泻等症状就应开始治疗。严重的毒血症时，甚至患牛卧地不起。从阴道流出稀薄、恶臭、灰红色子宫分泌物，黏液少，呈液状。同时子宫积液。直肠检查时轻轻按摩子宫及子宫颈会促使子宫内容物流出。

如果没有临床症状但排出大量白色或黄色黏稠子宫分泌物，

表明子宫中化脓放线菌已成为优势菌。

5. 隐性子宫内膜炎在子宫内膜炎中占相当大比例，据 1996 年报道，北京市某牛场 1185 头分娩牛中发生子宫感染的牛 390 头，感染率为 32.9%，其中临床型占 52.8%，隐性感染牛占 47.2%，隐性感染率为 15.5%。

母牛产后子宫隐性感染无临床症状，在实践中是怎样判断的呢？

母牛子宫体积和形状基本正常，发情和子宫分泌无眼观异常，但仔细检查，其黏液中含有小气泡，pH 值在 5.5～6.8 之间，比正常降 0.5 左右。将黏液置于生理盐水中 12 个小时后见有少量絮状沉淀物，或在 4% 苛性钠溶液 2 毫升中，加入等量子宫分泌物于试管内混合加热至沸，冷却后若呈柠檬黄色为子宫隐性感染，无变色者为阴性，用此黏液（非煮沸过的黏液）作微生物培养，可找到致病微生物。

子宫隐性感染常不被人们发现，有时在输精枪带出血滴或颗粒状炎性产物才发现有子宫隐性感染。

诊断：

一般来说，根据临床症状及阴门中排出的分泌物即可作出产后子宫内膜炎的临床诊断。要作出准确诊断，还需进行一系列临床检查。

1. 发情分泌物性状的检查

奶牛正常发情时分泌物量较多，清亮透明，可拉成丝状。病牛分泌物量多但较稀薄，不能拉成丝状，或量少但黏稠浑浊，呈灰白色或灰黄色。

2. 阴道检查

子宫颈口有不同程度的肿胀和充血，在子宫颈口封闭不全时可见有不同性状的炎性分泌物经子宫颈口排出。如果子宫颈口封闭,则无分泌物排出。

3. 直肠检查

患慢性卡他性子宫内膜炎的奶牛,直检时可感到子宫角稍变粗,子宫壁增厚,弹性减弱,收缩反应微弱。

4. 实验室检查

①子宫回流液检查:冲洗子宫、镜检回流液,可见脱落的子宫内膜上皮细胞、白细胞或脓球。检查子宫回流液,对诊断隐性子宫内膜炎有决定性意义。为此可将首次观察未见异常的回流液静置后检查,未发现沉淀或偶见有蛋白样絮状物、浮游物,即可作出诊断。

②发情时分泌物的化学检查:取4%的氢氧化钠溶液2毫升,加等量分泌物,煮沸冷却后无色者为正常,呈微黄色或柠檬黄色者说明患有子宫内膜炎。

分泌物生物学检查:在加温39℃~40℃左右的载玻片上分别加两滴精液,一滴中加被检分泌物,另一滴做对照,镜检精子的活动情况,如果精子很快死亡或被凝集,则说明患有子宫内膜炎。

尿液化学检查:检查尿液中组胺是否增多,检查时取5%的硝酸银溶液1毫升,加尿液2毫升,煮沸2分钟,形成黑色沉淀者为阳性,褐色或淡褐色的为阴性。

细菌学检查:在无菌条件下取子宫分泌物,分离培养细菌、鉴定病原体,进行确诊。

治疗措施:

治疗子宫内膜炎的原则是抗菌消炎,促进炎性产物排出,防止炎症扩散,恢复子宫机能,同时要加强饲养管理,注意运动,提高机体的免疫抗病能力。

1. 冲洗子宫

冲洗子宫可促进炎性产物的排出，防止吸收中毒，并可刺激子宫内膜产生前列腺素，有利于子宫机能的恢复。

在冲洗子宫时需注意：

①注意无菌操作，对用具要清洗消毒，以防交叉感染。

②冲洗要在子宫颈口开张时进行，在子宫颈口闭锁后不得强行插管，必要时注射乙酰雌酚 20 毫克，使子宫口张开，注意等一段时间才能慢慢打开。

③药液温度应保持在 40℃ ~45℃，每次用药液 2000 毫升左右，反复冲洗，到回流液透明为止。

④操作规范、轻柔，不可蛮干。曾有报道因冲洗子宫造成子宫口破裂致奶牛死亡。冲洗后将药液排尽。

⑤子宫冲洗用药：如 0.9% 生理盐水，1% ~2% 等量苏打氯化钠溶液，或用 0.1% 高锰酸钾溶液、0.1% 雷佛奴尔溶液、1% ~2% 碳酸氢钠溶液。也可用 0.01% ~0.05% 苯扎溴铵溶液；慢性子宫内膜炎可用 3% 氯化钠溶液冲洗；化脓性子宫内膜炎用 10% 吡咯烷酮碘水溶液和 50 ~100 毫升生理盐水加青霉素 320 万单位、链霉素 2 ~3 克，冲洗 2 ~3 次。

隐性子宫内膜炎，在配种前 1 ~2 小时用温（40℃）生理盐水或 1% 碳酸氢钠，或盐苏打糖溶液（氯化钠 1.0 克、碳酸氢钠 3.0 克、葡萄糖 60.6 克、蒸馏水 1000 毫升）250 ~500 毫升冲洗。排出药液，放入青霉素 400 ~800 万单位、链霉素 3 ~4 克。

2. 子宫内用药

一般是清洗后用药，如渗出物不多或慢性子宫内膜炎可直接用药，或难产助产后放药以防子宫内膜炎。

①碘甘油

碘甘油的制备：用碘的碘化钾水溶液（先溶解碘化钾后放碘片）20～30毫升加等量甘油或石蜡油，或用碘酊石蜡油（取2%碘酊1份，加入2～4份石蜡油中，加温50℃～60℃摇匀备用）。

用法：取100～200毫升，灌入子宫内。

②抗生素类

青霉素800万单位、链霉素3克、新霉素600毫克加入20毫升植物油或鱼肝油中，制成混悬油剂注入子宫内，每日一次。加油是为了延缓吸收，延长药物作用时间。

盐酸土霉素5.5毫克/千克体重，或土霉素碱粉、雷佛努尔0.2克、无菌蒸馏水250毫升，混合注入子宫内，隔两日一次，连用6～8次。

子宫内膜炎感染病原复杂，多为混合感染，宜选抗菌谱广的药物。在子宫颈口尚未完全封闭时直接将药物投入子宫。

据了解，子宫内送药预防子宫炎，不能注入青霉素类药，因为根据国内外资料，奶牛产后20天之内，子宫里面存在一些微生物可释放青霉素酶而阻碍青霉素发挥作用，从而使其他细菌得到保护。20天以后尤其是化脓性棒状杆菌和革兰氏阴性厌氧菌引起的子宫感染时，应用青霉素类比较适宜。土霉素或四环素是治疗子宫积脓的好药，子宫里积聚的脓液和厌气环境都不会影响它的作用，但这些抗生素对子宫壁的穿透力不大，只能治疗表层炎症，有全身症状时必须配合全身用药。氨基糖甙类如庆大、卡那链、新霉素等不能子宫送药治疗子宫内感染，因为这些抗生素在子宫内厌氧环境中难以发挥作用。

常见在冲洗子宫后，有部分奶牛会出现精神不佳、食欲减退现象，甚至个别病例发生冲洗后急性败血症而死亡的情况。其原因，一是液体不易自然排出造成子宫角下垂；二是大量液体压力增加、液体可经输卵管注入腹腔造成腹腔污染和炎症扩散；三是冲洗液中的化学物积聚会导致持久黄体，引发不孕。

子宫注药，育成牛不超过 20 毫升，经产牛一般为 25 ~ 40 毫升。送药过多可能导致子宫下垂，严重者可能引起阴吹病（阴道向外排气、有声）。

以 250 毫克庆大霉素溶于生理盐水中，注入子宫内维持有效浓度达 6 小时，如果溶于灭菌注水中，很快被吸收，不能在子宫内充分发挥作用。因此，要用灭菌生理盐水带庆达霉素。

③其他成药

新兽药三马宫净有消炎、缩宫、促进子宫黏膜再生的作用，用于治疗奶牛急、慢性子宫内膜炎，也用于产后子宫净化和胎衣不下。

用法：产后净化子宫，于产后 6 ~ 9 天，每次一瓶，经 5 ~ 10 倍稀释，灌注子宫，隔日一次，酌情使用 1 ~ 3 次；治疗急慢性子宫内膜炎，每隔 1 ~ 3 天，子宫内灌注本品 50 ~ 100 毫升，连用 2 ~ 3 次。

宫得康混悬剂，温水浸泡摇匀，用输精细管注入子宫，一次一支，隔 7 ~ 10 天再送一次，用 1 ~ 4 次。人用“洁尔阴”系中药制剂，有杀菌消炎、清热解毒杀虫止痒除湿之功效。用法：将原液用生理盐水稀释成 10% 的溶液，用注射器抽取 20 毫升，接上乳胶管再与奶牛子宫清洗器接上注入子宫内，隔 6 天注一次，一般 2 ~ 3 次即可治愈。如子宫颈口开张程度不好，可注射乙酰雌酚待开张后再注药。

露它净 4 毫升 + 生理盐水 96 毫升，将稀释液 250 毫升进行子宫灌注或冲洗，轻轻按摩子宫，使脓性分泌物随冲洗液排出，然后再注入一支宫得康，间隔 2 ~ 3 天送药一次。

在子宫内给予抗生素治疗的同时，可肌肉注射雌激素，如乙烯雌酚 20～30 毫克，以加快过子宫血流、提高疗效。

子宫内治疗对有稀薄脓汁、产后早期感染和有少量残余脓汁的产后晚期化脓性放线菌感染是有疗效的，但对积有大量浓稠脓汁的放线菌感染以及产后 10～30 天的患牛，子宫内疗法不是很奏效。所以子宫内疗法的效果与选择治疗时机有很大关系。

3. 全身治疗

(1)抗菌治疗：在体温升高病情较重，有毒血症或菌血症倾向的要采用抗菌治疗。

土霉素抗菌谱广，对革兰氏阴性和阳性菌都有抑菌作用。

用法：土霉素 13.2～15.2 毫克/千克体重或 2.5～5 毫克/千克体重以 5% 葡萄糖稀释静滴。土霉素盐或碱的粉剂溶解度低，要根据厂家说明书选择供静滴的稀释溶液，否则会出现沉淀，一般是用 5% 葡萄糖、0.9% 盐水溶解。有的制剂能很好溶于纯馏水中，土霉素碱要用专用溶剂溶解。

目前市售溶解好的土霉素注射液以 5% 葡萄糖稀释静注也很方便。

青霉素 G 钠(钾)400 万 ×10 支～20 支溶于 5% 葡萄糖注射液中静滴，一日两次，连用 3 日以上(剂量根据病情和牛体大小，视情况而定。特别是首次用量要足)。

氨苄青霉素 11～22 毫升/千克体重，用 5% 葡萄糖溶解后，静滴。

磺胺类药可根据不同菌种菌株选择使用。

现在市售有磺胺嘧啶钠、加磺胺增效剂的复方磺胺，还有磺胺 5 甲氧嘧啶与磺胺 6 甲氧嘧啶等复方磺胺制剂，磺胺类药不可与青霉素类配伍共用。

头孢噻呋 2.2 毫克/千克体重，肌注或静注。

庆达霉素4.4毫克/千克体重，或8万单位×10～20支，或丁胺卡那霉素2.0毫升 ×10～20支，肌注，或用5%葡萄糖稀释后静滴。

据报道，从急性脓性和慢性子宫内膜炎的分泌物中分离到6种致病菌，用特效米酰、环丙沙星、宫得康、露它净、百毒净、氟哌酸青霉素、土霉素做了药敏试验，试验结果以前三种最敏感。特效米酰敏感率高达100%，可作为首选药物。而青霉素只对部分细菌敏感。

特效酰是一种长效广谱抗菌药，药效迅速、持久。血中有效浓度可维持4天以上，对卡他性脓性子宫炎都有效，可直接注入子宫。

喹诺酮类药如恩诺沙星能够抑制细菌的DNA旋转酶的合成，它的抑菌活性很强，与其他抗菌药无交叉耐药性。同类型的药有盐酸沙拉沙星，内服或肌注10毫克/千克体重，1日两次，环丙沙星或氧氟沙星静注或肌注，一次量2.5～5.0毫克/千克体重，一日两次。

甲硝唑是抗厌氧菌感染的药，用其制剂250毫升×8～10瓶/次。

(2)全身支持疗法：在采用抗菌治疗时，可用葡萄糖酸钙(10%、500毫升)、葡萄糖(25%、1000毫升)、维生素C等静注，以防治继发性低血钙和酮病等。

(3)胸膜外封闭疗法：在倒数1～2肋间，背最长肌之下的凹陷处，用长20厘米的针头，与地面呈30°～35°进针，当针头抵达椎体后，稍微退针，使进针角度5°～10°，向椎体下方刺入少许，刺入正确时，回抽无血或气泡，针头随呼吸摆动。确定进针无误后，注入奴佛卡因0.5%，0.5毫升/千克体重，等分两侧注入。

(4)激素疗法:应用激素疗法的目的主要是提高子宫收缩力、扩大子宫颈口的开张,促进子宫内炎性产物的排出,加速子宫的自净和复旧。

常用激素有催产素、乙烯雌酚等。

$PGF_2\alpha$ 和其类似物如氯前列烯醇、芬前列林、前列他林能诱导黄体溶解,已成为治疗子宫内膜炎多用的激素类药,国产氯前列烯醇已广泛应用,效果较好。在脓性子宫内膜炎和慢性黏脓性子宫内膜炎,用药后子宫内容物排出量明显加多,可以连用 2 ~ 3 次。一般肌注为主,一次量 10 ~ 20 毫克,静注 10 ~ 18 毫克/次,可以间隔 14 天用药。在患慢性子宫内膜炎时,尤其是直检时发现有黄体存在,使用前列腺素 F2α 及其类似物可促进排液、恢复机能。

目前有资料提出在治疗子宫内膜炎时禁用雌激素。

对患有子宫内膜炎而不泌乳的牛,通过人工诱泌乳,可使子宫颈开张,子宫收缩增强,促进子宫炎症产物清除和子宫机能恢复。病程在一年以上的慢性子宫内膜炎,在人工诱乳泌乳后 2.5 ~ 6 个月内,绝大部分恢复配种受胎。

(5)脓毒性子宫内膜炎的治疗。和其他类型子宫内膜炎治疗原则一样,也是消炎、解毒、排液、恢复子宫机能。

治疗:肌注雌激素(使宫颈开张)30 分钟后,用温 0.1% 高锰酸钾水冲洗到清洗液清亮为止,再用灭菌生理盐水 1000 毫升冲洗、排液。用土霉素 5 克溶入 100 毫升灭菌生理盐水中,注入子宫内。每 2 日一次,连治 3 次。

缩宫素 10 毫升肌注。

静脉输液:氨苄青霉素钠 8 克,20% 安钠咖 10 毫升、5% 葡萄糖 1500 毫升、维生素 C、复方生理盐水 1500 毫升、5% 碳酸氢钠 500 毫升。静输,一日一次,输三天,恢复后再输 2 天。

(6)调节消化功能:比赛可灵注射液5~10毫升皮下注射。

健胃散100克、麦芽粉100克、胃蛋白酶50克、纤维酶30克、干酵母粉30克、乳酶生20克,加温水1000毫升投服,每日一次,连服3天。

(7)其他药物疗法:醋酸氯已啶栓为消毒防腐剂,预防奶牛产后子宫、产道感染,排出胎衣后放入,一日一次每次两粒,隔日一次;治疗子宫内膜炎,牛一日一次,一次2粒。

醋酸氯已啶注入剂:子宫内注入。

①预防产后感染:在产后5~7日给药一次,2日后再用一次。

②治疗急性子宫内膜炎,产后每3日给子宫内灌注一次,一次一支,治疗1~4次。

③治疗慢性子宫内膜炎,每7~10日注一次,或于发情期注一次,1次一支,可注子宫1~4次。

④顽固性子宫内膜炎,用露它净等药冲洗后,一日一次注入子宫,每2日注一次,可注1~4次。本药禁止与碘酊同时使用。

盐酸多西环素子宫注入剂预防牛产后感染:排出胎衣后,一日一次,一次一支。

治急性子宫内膜炎、子宫蓄脓、宫颈炎、子宫炎,每3日一次,一次一支,连用1~4次。

治慢性子宫内膜炎每7~10日注药1次,每次一支,连用1~4次。

注意:

①剪掉注射器头部,充分振摇均匀。

②用药前,将牛外阴部和用器具消毒,将药全注入子宫内,注射完再注入空气或温水,以确保药无残留。

③休药期28日,弃奶7日。

4. 中药疗法

常用的中药处方有:

处方1:加味生化散(汤):当归60克、川芎24克、桃仁24克、炮姜24克、炙草16克、党参30克、黄芪30克,黄酒或童便为引,或加益母草30克煎服。

处方2:白术汤:白术50克、苍术50克、山药50克、陈皮40克、酒车前20克、荆芥碳20克、酒白芍20克、党参50克、柴胡20克、甘草25克,共为细末,黄酒250毫升为引。开水冲服。

本方以健脾除湿为主,白带日久兼有肾虚者,去柴胡、车前子,加韭菜籽30克、乌贼骨50克、复盆子50克、菟丝子50克。

处方3:酒当归、熟地、茯苓、制香附、白术各50克,酒白芍、吴茱萸各35克,丹皮30克、元胡20克、川芎25克、陈皮40克、沙仁25克,每日一剂,连服2~3剂。

血虚有寒加肉桂20克、炮姜25克、熟艾25克;血虚有热,加炙黄芩50克、白薇40克;子宫松软加益母草50克。

处方4:取鲜益母草1500克、鱼腥草1000克,煎汁灌服,每日两剂,连用3天,治母牛产后恶露。

中成药:

孕宝:组方为益母草、黄芩、三棱、大黄、赤芍等。

一次冲孕宝成药200克灌服。

益母草膏300克冲服或加水自饮。

益母草佛手散:其成分是当归60克、川芎50克、益母草60克、苏木40克、鸡冠花40克。市售为散剂。

露得净:是桃叶等中草药的提取物制剂,每毫升含生物药1克,杏仁甙不低于0.4毫克,每次子宫内灌注50~100毫升。对化脓性子宫内膜炎无效。

还有大地产康,奶牛子宫消炎散(孕畜禁用)、宫必治、宫得康、产后康、产康等等;以中药为主的膏剂、栓剂、散剂等治疗子宫炎的中成药,临时选用。

据李增慧试验,应用非抗生素疗法治疗子宫内膜炎,分三组:

一组采用缩宫素注射液 20 国际单位,肌肉注射,每日 3~4 次,连用 2~3 日。

二组采用氯前列烯醇 0.644 毫克,肌注,7~10 天重复一次。

三组采用碘溶液 5 毫升,生理盐水 250 毫升,直肠把握,把末端安有乳胶管的子宫洗涤器送入患牛子宫,然后用 100 毫升玻璃注射器将药液注入子宫,隔日一次,三日为疗程。

三个组的总有效率,缩宫素为 94.7%,氯前列烯醇为 95.5%,碘溶液为 91.4%了;治愈率分别 81.5%、87.4%、68.7%。

治例:

据陕西李志刚报道,用行气逐瘀散配合清宫液治疗子宫内膜炎,治疗 16 例全部治愈。

适应症状:病牛拱背、努责、回头顾腹,阴道排出黏液或脓性分泌物,呈污红色或棕色,有臭味,卧下排出量较多,体温稍升高,精神沉郁、食欲、产奶量显著降低,反刍减弱或停止,并有轻度鼓气,有些结膜潮红,体形消瘦。

治疗:

行气逐瘀散:黄芪 60 克、当归 60 克、何首乌 15 克、益母草 60 克、川芎 2 克、柴胡 20 克、升麻 20 克、茯苓 60 克、炮姜 30 克、炙草 24 克,研末冲服,一日一剂,连用 1~4 日。

清宫液:组方为蛇床子、艾叶、明矾、苦参、卜荷、独活、苍术、石菖蒲各 30 克,加水煎成 4000 毫升左右。用时先用生理盐水 1000~1500 毫升冲洗子宫 2~3 次,排尽洗液及炎性产物,再通过直肠压子宫排液，然后注入 200 毫升清宫液。注入 70% 药液后，余药在引退时注完。一日两次。

关于子宫内膜炎的治疗，轻症早期用上述某一种方法治疗，可以取得良好效果；对重症、中后期病畜需采用综合疗法。例如：灌服加味生化散、大地产康；静脉给糖、钙、维生素及抗菌药物；清洗子宫以及子宫内用药。

子宫内膜炎的预防措施：

造成产后子宫感染的因素主要是：产房环境卫生不良，垫草不清洁，分娩牛后躯没有清洗消毒，接助产的用具及人员手臂消毒不严等污染所致。在农村奶牛分娩环境卫生还未受到足够重视，造成子宫内膜感染的机会更多。

首先要保护促进子宫内膜抗病机能的充分发挥。

母牛产后子宫内膜呈开放状态，易被病原微生物侵入，而多数母牛靠自身免疫机能完成子宫的修复和自净。产后机体免疫机能下降，特别要加强饲养管理，给以温暖舒适的生活环境，增加营养，使其尽快恢复体力和免疫功能。

其次，注意分娩卫生、减少感染机会。根据预产期将临产牛移入清洁的产房。

特别在人工助产、胎衣剥离手术中要注意对牛的外阴和术者手臂和用具严格消毒，术者戴上消毒手套，作好双向保护。

第三，要实施产后监护（见“奶牛产后子宫复旧不全”）。

子宫肌炎的治疗：

用硫酸镁治疗子宫肌炎（奶牛子宫板结症）慢性黏液性子宫内膜炎、卵巢炎。

普通型：直肠检查子宫体或子宫角体积增大，坚硬无波动感，子宫收缩微弱；阴道检查，子宫颈外口黏膜充血、肿胀、颈口略开。

重型:体温升高,食欲及挤奶量骤减,拱背努责,常作排尿姿势,卧倒时不见分泌物流出;阴道检查,子宫颈外口黏膜充血肿胀、颈管闭锁、宫颈内缩;直肠检查,子宫温度升高,不能摸清子宫全貌,子宫颈很难握住,用金属输精管很难插入子宫颈颈口内。

治疗:普通型病牛颈部皮下注射25%硫酸镁溶液100毫升,每日一次,连用3天,效果很好。

根据子宫肿硬体积的大小,用金属输精管插入子宫颈口内,注入25%硫酸镁溶液30~150毫升,每周一次,效果更好。治疗27例,全部治愈,并参加配种,其中23头受孕。

重型病牛:在应用抗生素全身治疗的同时,肌注乙烯雌酚20毫克,促使子宫颈口张开,以利分泌物流出。在颈部皮下注射25%硫酸镁溶液100毫升,每日一次。连注3日后隔日一次,共注5次。待子宫软化、体积缩小后,再根据分泌物性质,对症治疗。共治7头,治愈5头。

慢性黏液性子宫内膜炎,子宫缩于骨盆腔内,或位于骨盆腔前后缘,子宫角粗硬,呈香肠状,流出炎性分泌物。

治疗:视子宫大小,用前法,注入25%硫酸镁30~100毫升,每周一次。一般用药1~2次即愈。共治75例,全部治愈,参加配种。

第六节 奶牛产后子宫复旧不全

奶牛分娩后,子宫要逐渐复原到孕前状态,为下一次怀孕做好准备。子宫复旧时间不一致,最早的9~10天,最迟的34~46天。这可能与每个测定对象不同而发生差异。正常情况奶牛产后

14～15 天有一次不太明显的发情过程，到 38～40 天时正常发情，因而我们认为在产后 40 天以前子宫应当完全复旧，否则就不能发情受孕。

凡能引起子宫阵缩微弱的因素，都可导致子宫复旧迟缓。如年老、肥胖、运动不足、胎水过多、多胎怀孕、难产时间过长、产后子宫内膜炎、胎衣不下等常继发子宫复旧延迟。母牛产后子宫感染对子宫复旧影响最大，特别在隐性感染时虽然外部没有任何症状，但可造成复旧迟缓，不能正常受胎怀孕。据统计，牛子宫隐性感染率达 54.8%，感染牛比未感染牛的子宫复旧时间延长 51 个百分点，产后初情时间明显推迟，受胎率降低 22 个百分点。

由于产后子宫收缩力弱，恶露长时间滞留在子宫内不能及时排尽，在卧下时挤压出一部分，站立时流出量很少，而子宫内滞留量却很多。

由于恶露长时间在子宫内滞留，腐败分解产物长时间刺激子宫内膜，加上致病微生物的作用，继发了慢性子宫内膜炎。因此，产后第一次发情推迟，开始发情也难于受孕。此时病畜全身症状无大异常，不被畜主发现。阴道检查可见子宫松弛，有的在产后 7 天仍能将手伸入子宫，产后 14 天还能通过 1～2 指；正常情况，子宫内无异物，3～5 天子宫颈口只能通 1 指；直肠检查，子宫体积较大，下垂、子宫壁厚而软，收缩反应微弱，若子宫腔内有积液时，触之有波动感，有时还可摸到没有完全萎缩的子叶（母体子叶）。

治疗：

子宫复旧延迟是继发病，首先应治疗原发病。

1. 增强子宫收缩，排出恶露；可注射垂体后叶素、麦角素、雌激素、氯前列烯醇等。

2. 用 40℃左右温的 5% 盐水冲洗子宫，可反复冲洗，增加子宫收缩力。冲洗后将冲洗液排净。

3. 放入抗菌素,防治隐性子宫内膜炎。

4. 灌服加味生化汤等中药,以活血化瘀,清除子宫内污物。

5. 子宫感染以大肠杆菌和链球菌为多,有针对性地放入抗生素类消炎药,如庆大霉素、链霉素、青霉素等,针对大肠杆菌一般可用庆达霉素、丁胺卡那霉素,但最好做药敏试验,大肠杆菌不同菌株对抗菌药物的敏感程度不一样,庆大霉素与克林霉素(氯洁霉素)联用可增强抗链球菌作用。

6. 子宫复旧不全,可用激光疗法:

用氦氖激光器照射后海穴,功率为12毫瓦,距离为40~50厘米,每次照15分钟,一日一次,8日为一疗程。

7. 中药疗效也很好,方用补中益气汤加减:

党参、黄芪、当归、川断、陈皮、白术、醋香附、益母草、升麻、甘草,隔日一剂、连服三剂。

预防:

1. 注意改善饲养管理,提高卫生条件,接产措施等正确,积极预防产道感染。

2. 产后7日内监护恶露排出变化,如颜色、数量、气味,是否有疼痛表现。

3. 14天左右时注意子宫分泌物状况,如是白色或乳白色蛋清样拉丝状,说明基本正常,且有发情迹象;如是白色黏脓状,或有灰色清汤是有炎症。

4. 产后30~40天,子宫复旧进程、复原情况的监视。

5. 产后50~60天,监护卵巢及第一次正常发情。

根据监护情况决定首次配种时间。

母牛产后子宫复旧的判定:

产后 4 ~6 周内，子宫角收缩复位到骨盆腔内，两角对称，大小正常，间沟清楚，宫缩反应灵敏，为复旧正常。

6. 注意保护和促进子宫的自净作用。

第七节　奶牛产后子宫外膜炎

子宫外膜炎是微生物通过损伤的子宫壁感染子宫外膜，引起子宫外壁浆膜发炎。发生严重的渗出性和纤维素性粘连。真性子宫外膜炎可导致腹膜广泛发炎，渗出纤维蛋白沉着并黏附于其他内脏。脓毒性渗出物会形成局灶性脓性炎性变化。

症状及发病机制：

子宫外膜炎症状主要是腹膜炎症状，一般于产后 1 ~56 天出现症状。出现厌食或停食、脱水、弓背、呼气时发出呻吟声、里急后重。

直肠检查时可以确诊。直检可触及子宫肥厚，骨盆腔内脏器均有纤维素性粘连和炎性肿胀，以致直肠不能移动，此时应停检。由于子宫外膜炎的低蛋白血症可造成奶牛面部严重水肿，腰背拱起，腹围紧张，触之敏感，腹腔渗出液增多时腹围变大，呼吸加快，体温迅速升高，以后则保持常温。

严重的单纯性子宫外膜炎少见。子宫内膜炎与外界相通，易受污染，而子宫外膜正常情况下不与外界相通。只有在产犊时，通过子宫壁的损伤处，使病原微生物感染子宫外膜发生炎症。致病性微生物一但进入与外界不相通的腹腔会很快感染其他脏器的浆膜，发生严重的广泛性腹膜炎。

腹膜炎本身有创伤性、穿孔性（指脏器破裂穿孔）和继发性。牛的腹膜炎多取慢性经过，但由子宫外膜炎引发的腹膜炎多为急性变化，此时患牛精神沉郁、眼球下陷、四肢集于腹下、弓背而立、步态小心、疼痛、呻吟、食欲废绝、瘤胃蠕动和反刍停止，有轻度鼓气、便秘、体温变化不明显，但子宫外膜炎引起泛发性腹膜炎，体温升高。

直检时发现宿粪增多、腹壁紧张、肠管浮动，必要时可作腹水检查，此时腹水量多，而且黏稠度和细胞成分都发生巨大变化。健康牛一般是抽不出腹水，即便有也是澄清呈淡黄色。患腹膜炎后，腹水量增多、混浊，甚至有臭味，其中细胞成分和比例都发生变化。

腹膜的脏层和壁层中有大量的血管和淋巴管，因此腹膜具有强大的吸收和渗出机能。侵入腹腔的毒害物质，很易被腹膜吸收，从而对机体产生毒害作用。腹膜也有溶解和防御病原微生物的能力，炎症渗出液也有杀菌作用，同时炎症使静脉淤血、降低腹膜的吸收能力，一定程度上减少对毒害物质的吸收，机体的防卫功能不能充分发挥。

腹膜炎也见于腹部外科手术感染和严重肠炎、难产、胎衣不下、瘤胃穿刺等。如果由于内脏穿孔造成感染性腹膜炎，预后慎重。

治疗：

一般预后不良，大多数于确诊后 1 ~ 7 日内死亡。

首先要保持病牛安静，给与易消化的饲草料，消炎止痛、防止炎性渗出，并促进其吸收，保护心脏功能，提高抗病力。

为消炎，大量使用青、链霉素腹腔内注射。

青霉素 G 钠（钾）400 万单位 × 15 ~ 20 支、链霉素 10 克、5% 葡萄糖 1000 毫升、0.25% 奴佛卡因 300 毫升，冷天加温至 37℃ 左右，一次腹腔注射；其他抗菌药如庆大霉素、氨苄青霉素、氧氟沙星等，或头孢噻呋、克林霉素、丁胺卡那霉素等，都可根据病情选择使用。

为防止鼓气可以使用鱼石脂、人工盐、大黄苏打片等灌服，如有鼓气可灌服消气灵1～2瓶。

为增强机体抵抗力，可用10%葡萄糖500毫升、40%乌洛托品20～30毫升、复方氯化钠1000毫升、18种氨基酸1000毫升、25%葡萄糖500毫升，混合静注；为排水利尿强心，用10%安钠咖20毫升，双氢克尿塞、速尿等；内服健胃药、促反刍药；同时服用碘化钾7～10克。

禁止采用局部或子宫内治疗，以防重复感染。

里急后重严重者可采用百会穴、尾椎、尾荐硬膜外麻醉（方法见“阴道脱”）。

使用氯前列烯醇等前列腺素药，以促进子宫内排污。

如创伤性或穿孔性腹膜炎应及早施行手术治疗。腹水严重时可以用套管针刺入放水，放水后立即注入青霉素等杀菌药。对术部做好消毒。

中药治疗：

处方1：双花、连翘、花粉、白术、肉桂、茯苓、苍术、陈皮各35克，猪苓、泽泻、川朴、车前子、木香、茴香、生姜各25～35克，大腹皮、槟榔各15克。共为细末，开水冲服。

加减法：

发病初期，体温升高，触诊腹壁有疼痛反应时，应重用双花、连翘、花粉，另加黄连、黄栢、黄芩、大青叶、一见喜各26克以上；食欲减退另加龙胆根、焦三楂、鸡内金各20克；到病的后期，病畜较衰弱，无热象、腹腔渗出物较多时可重用茯苓、猪苓、泽泻、车前子、去双花、连翘，加党参、黄芪、当归各33克。

处方2：以治疗腹水为主的可用下列中药方：

党参、白术、大黄、木通、泽泻、猪苓、川朴各25克，车前子、小茴香、大腹皮、肉桂、榔片、花粉、茯苓各18~25克，煨甘遂、醋元花各3~5克。共为细末，开水冲调。加蜂蜜150克、大枣泥100克为引，一次灌服。

加减方法：兼有四肢或腹下浮肿的，另加桑白皮、汉防已、生姜皮各15克；瘦弱的加当归、黄芪各35克；食欲不好的加陈皮、砂仁、龙胆根各18克；小便短赤，加灯芯、竹叶各35克。煎汁为引。

妊娠母牛须减去上方中肉桂、甘遂、芫花，瘦弱母牛也应减去甘遂、芫花。

腹水症状中兽医称之为宿水停脐，按宿水停脐可用茵陈散。

处方3：茵陈散方：

茵陈100克、砂仁35克、前胡50克、泽泻60克、陈皮26克、木通33克、川朴27克、党参50克、白术40克、茯苓66克、苍术33克、滑石66克、甘草17克。

本方适用于脾虚腹水的患牛。

剖解：

最近解剖一头产后五日死亡的患牛，为典型子宫外膜炎合并子宫肌炎致死。该牛分娩时难产，曾请兽医助产。产后第一日有食欲，吃了草料，第二日停食。当地兽医按产后厌食治疗，静注葡萄糖酸钙、促反刍液、强心剂、青霉素等，无效，第五日死亡。应畜主要求，我们去剖解、鉴定。

打开腹腔，第一眼见到网膜、系膜上有多处紫红色淤血，出血斑，子宫角很大，不但一点也没收缩，触诊子宫有一较大肥厚的硬块，甚至有人说子宫里还有一头牛犊。切开子宫壁，发现子宫壁大面积炎性肿胀、渗出、很厚,最厚处有20厘米以上,肿胀严重部分长40多厘米。

心内外膜均有点状出血,肝有多处坏死灶,各脏器表面都见到出血斑,未见纤维蛋白沉着粘连。但子宫壁与周围组织有轻度粘连。诊断为子宫外膜炎引发广泛腹膜炎致死。

第八节　奶牛子宫脓肿和子宫粘连

此病常继发于难产、子宫内外膜炎、胎衣不下以及产后不到14天进行子宫内灌注;经常由于难产、创伤等炎症治疗不及时引发子宫化脓性肿胀,以致粘连;也可视为上述病症的发展,所以要正确及时治疗难产、子宫内外膜炎症,从而阻止病情向脓肿和粘连发展。

通常没有全身症状,只见到从阴门中流出黏稠脓汁。

治疗:

一般采用保守疗法,如果采用手术疗法或冲洗治疗困难较大。

1. 需要4~6个月停止配种等性活动。以防再感染。在子宫脓肿情况下,即便进行人工输精,受胎率也很低。

2. 抗生素治疗。先用青霉素2~10万国际单位/千克体重每日一次,治疗2~4周。治疗一定要坚持一段时间,2~3天是不会见效的。还可以选择采用其他抗生素等抗菌药进行治疗,在治疗中除坚持一定时间,还要使用药量充足,否则非但达不到疗效,而且会诱发细菌产生抗药性。

3. 在采用抗生素治疗的同时用碘化疗法。

按每次30克/450千克体重的剂量,静注20%的碘化钠,再口服有机碘化物28克,每日一次,直到出现碘中毒现象,用时请注意观察,如出现异常可停药。

4. 对继发于子宫内膜炎以后形成子宫脓肿的可以反复注射前列腺素类药,配合抗生素治疗,以排脓、消炎为目的。

5. 对患牛加强饲养管理,要有充分的运动和休息。经过一段配种间歇,有60%的奶牛可以怀孕,怀孕以后,粘连可以慢慢消散或单侧子宫角生殖。

第九节　奶牛产后子宫积脓

患单纯性子宫积脓的奶牛没有全身症状,仅限于不发情;有的发情规律正常,但久配不孕。常伴发持久黄体和子宫积液,大多数患牛会从阴道频繁排出黏液性分泌物。子宫积脓超过两个月或大量积脓的患牛,以后繁殖的可能性小。曾遇一子宫积脓一年以上的病牛。该牛发情正常,经多次配种都配不住,配种人员曾用子宫内清洗、放药等多种方法治疗,均无效。当我到现场用开窒器打开阴道,见到子宫颈口涂满了黄白色脓性分泌物,证明脓汁来自子宫。该牛病继发于胎衣不下,由于胎衣不下,没有及时剥离,以后阴道流脓不止,但没有全身症状,食欲、饮欲均正常,体质膘情都不大好,屡配不孕,也不产奶,嘱畜主淘汰。

治疗:

用前列腺素35毫克或氯前列烯醇(cloprostenol)500单位注射,可取得良好效果,间隔14天重复用药,使子宫收缩加速排脓。

积极治疗子宫内膜炎、阴道炎、胎衣不下、子宫刮伤等产后产道疾病，以防发生黏脓性慢性子宫内膜炎症。

子宫积脓是一种顽固难治的疾病。

采用子宫清洗法用 0.1% 高锰酸钾或其他冲洗液反复冲洗，到洗液清亮为止，或用 0.9% 氯化钠液冲洗。洗后排尽洗液放入土霉素粉，或土霉素颗粒。剂量掌握在 5 毫克/千克体重左右。

或放入含有喹诺酮类药物的成药。

子宫积脓往往继发于慢性黏脓性子宫内膜炎，可以选用子宫内膜炎的治疗措施。

第十节　子宫颈疾病

1. 子宫颈狭窄

有先天性或由于难产创伤造成子宫颈疤痕愈合或宫颈炎，造成子宫颈狭窄。有单纯性的子宫狭窄，也有子宫内膜炎延伸发展来的炎性狭窄。

2. 子宫颈脓肿

子宫颈在生殖道中是很短一段，但位置很重要；尤其宫颈狭窄，既影响受胎，又影响生产；但宫颈炎和脓肿单纯性者少。

治疗：

子宫颈狭窄，可用子宫冲洗硬金属管缓慢通过狭窄区，注入生理盐水，或抗生素生理盐水，抽出导管，然后用氯前列烯醇，诱导发情；观察到发情时及时配种，成功率较高。

严重瘢痕化子宫颈狭窄同时患有宫颈炎的预后不良。

子宫内膜炎延伸而来的宫颈炎,用治疗子宫内膜炎的方法治疗。如使用前列腺素疗法或碘化疗法抗生素疗法等。

子宫颈脓肿可用前述碘化抗生素疗法,并停止性活动。

3. 宫颈炎

单纯性宫颈炎较少,多为子宫内膜炎或阴道炎向前或向后扩展形子宫颈炎。

治疗方法可根据不同情况采用子宫内膜炎或阴道炎的治疗方法(见本章第五节和第十一节)。

第十一节　奶牛阴道炎

发病原因:

阴道炎是奶牛常见病之一,往往由于创伤、胎衣不下等病没有及时治愈而形成阴道炎。阴道炎包括前庭及阴道黏膜的炎症。炎症常前行波及子宫颈和子宫,引起它们的炎症,容易引起不孕。也由于人工受精消毒不严、自然交配创伤等感染而发生。

阴道吸气、会阴撕裂和尿潴留是诱发性原发病因,外阴倾斜的奶牛可发生生殖道后段间歇性污染而发生阴道炎。阴道吸气在自然情况下可以发生,当兽医检查阴道时,用手往开一打阴门,可听见“撕”的一声,把气吸入阴道。外阴倾斜常见于老年经产的母牛。

支原体、尿素原体、昏睡嗜血杆菌和牛传染性鼻气管炎等都可导致地方性阴道炎。还有毛滴虫性阴道炎。

症状:

阴道炎病初多为急性,病久未及时治愈转为慢性。根据炎症性质又分为浆液性、黏液性、黏液脓性、脓性及蜂窝织炎和坏死性炎症五种。

主要症状是从阴门流出不同性质的炎性渗出物,常附着在阴门下角、尾根及臀部;阴道黏膜肿胀、充血、疼痛,有时发生溃烂、瘢痕、粘连;有时伴有全身症状,体温升高、食欲不振、精神沉郁、排尿时呻吟、拱背;用开窒器打开阴道时,轻者可见到黏膜充血、发炎,重者肿胀,水肿发炎的黏膜充满开窒器,无法看到里边的变化,黏脓性分泌物顺着开窒器大量外流。正常的阴道黏膜并不挤入开窒器中,呈淡粉红色,空腔可以清楚地观察到子宫颈口等各种结构。

黏液性阴道炎从阴道流出混浊的黏液性分泌物,常附着于阴门及尾根上,形成灰蓝色薄痂,转为慢性时症状不太明显,但阴道颜色变为苍白,质地紧密,粗硬。

黏脓性、脓性和坏死性阴道炎全身症状较明显,除从阴门排出脓性分泌物,常有体温升高等症状,特别在卧下时流出的脓性分泌物较多,阴道黏膜水肿、溃烂、坏死,溃烂处形成瘢痕和粘连,造成阴道狭窄;坏死性阴道炎,有恶臭气体和污脓排出。

治疗:

原则上应当冲洗放药同步进行,配合中药内服,要坚持一定疗程,而且要早治,时间长了会造成不孕。

1. 冲洗阴道:用阴道冲洗器反覆冲洗,每次把洗液都导出,每日进行一次。

用于冲洗的药很多,根据不同性质的阴道炎选择适当的洗液。冲洗液临用前加温到40℃左右。

常用药液有1%~2%的明矾水,5%~10%鞣酸溶液,用于以收敛为目的的冲洗治疗;0.1%高锰酸钾,0.1%~0.3%过氧化氢、

0.1%雷佛奴尔、0.5%呋喃西林、妇阴洁、洁尔阴等洗液,用于以消炎杀菌为目的冲洗;2%碳酸氢钠,2%苏打氯化钠,2%~5%高渗氯化钠或碘溶液(1000毫升蒸馏水中加20~30毫升10%碘酊)或制成卢戈氏液,用于消炎、改善内环境为目的冲洗。

2. 涂擦或灌注:用400万~1200万青霉素溶入少量5%葡萄糖溶液中注入,或把青霉素干粉撒入阴道深处。

用金霉素、四环素、土霉素直接放入阴道。

还可在冲洗排液后涂以碘甘油(市售制剂)鱼石脂甘油、磺胺软膏等。

如有脓肿要切开排脓、冲洗、放药。

对外阴倾斜、会阴撕裂、阴道积气,可用外阴裂背侧位闭合术。阴道积尿的要直肠压迫排尿。

中药疗法:苦参、龙胆草各25克,煎水1000毫升,或蛇床子50克、煎水一千毫升冲洗阴道。

白术50克、苍术50克、山药50克、陈皮40克、酒车前20克、荆芥碳20克、酒白芍20克、党参50克、柴胡20克、甘草25克,共为细末,黄酒半斤为引,冲服。

第十二节　奶牛阴道炎传染性病因

阴道传染性病因有下列三种:

1. 牛传染性鼻气管炎(IBR)

是一种病毒病。症状特点是外阴和阴道黏膜形成白斑、糜烂和溃疡,可以通过血清学方法鉴定此病。

无特效疗法,可以采用一般阴道炎治疗方法,避免用 IBR 患牛精液输精,在病区可以提前预防注射。

2. 颗粒性外阴综合征

症状特点:

①有一般阴道炎症状。

②长期周期性排出混浊的或黏液性分泌物。

③呈传染性或地方性流行性不孕,或需要反复配种才能受孕。在外阴黏膜上尤其靠近阴蒂处,可见突起的结节颗粒或形成淋巴滤泡等典型外阴病变。常有胎儿早期死亡等繁殖障碍症状。

病因主要是支原体、变异尿素原体、昏睡嗜血杆菌等。

治疗:

(1)改善饲养管理,提高抗病能力。

(2)避免自然交配。

(3)人工受精时要同时加放抗生素。

(4)向阴道、子宫内注 1 克四环素。

(5)用双鞘技术输精,输精后 24 小时注入 1 克四环素。

(6)硒、铁、缺乏地区,在饲料中补硒、铁(亚硒酸钠、硫酸亚铁等)。

对昏睡嗜血杆菌可全身应用四环素治疗。

(7)疫苗免疫。

3. 牛毛滴虫性阴道炎

本病是由毛滴科的胎儿毛滴虫(Trichomonas foetus)寄生于牛的生殖系统引发的疾病。主要在奶牛中流行,通过交配传播。病的主要特征是乳中早期流产、不孕和生殖系统炎症。给乳牛养殖带来较大的经济损失。

病原形态:胎儿毛滴虫呈梨形或长椭圆形,长 2 ~ 25 微米,宽

3 ~16 微米，经过姬母萨染色的虫体，原生质呈天蓝色，核为暗紫色，并位于虫体偏前方，核的前方有一动基体，由其上生出四根鞭毛，其中三根游离于虫体前方，一根与体侧的波动膜相连，最后到虫体后端游离。在虫体中有纵生的不着色轴柱。

胎儿毛滴虫寄生于母牛阴道、子宫、公牛的阴茎黏膜表面、包皮和输精管内。在怀孕母牛的胎液、胎膜、流产胎儿的第四胃也有大量虫体寄生。

图4－2 胎儿毛滴虫

致病作用和症状：

胎儿毛滴虫只能在成年牛的生殖系统中繁殖和寄生。公牛主要在包皮黏膜上繁殖，初期即出现黏液性或黏脓性包皮炎，在阴茎黏膜上有时可见粟粒大小的结节，包皮口上可见黏液脓性分泌物。在排尿和交配时均呈现痛感。急性期迅速转为慢性，症状消失。但在包皮皱襞深部仍有一定数量的毛滴虫存在。

母牛在交配时受到传染后，虫体即在阴道、子宫内繁殖，并引起结节性阴道炎、子宫颈炎、子宫内膜炎。病初在阴唇上即有红肿、感觉过敏等炎性变化，2～3 日后有透明黏液流出，黏液中混有块状白色碎片，阴道黏膜上有红色小结节。4～5 日后外阴病变逐渐消失，以后即发生慢性子宫内膜炎，受孕后早期流产，或受孕后胎儿死亡并留在子宫内形成子宫蓄脓。毛滴虫所致慢性子宫内膜炎，奶牛常不能受孕，发情基本正常只是不能受孕。流产常发生于怀孕早期，流产出的胎儿不超过 22 厘米，胎衣完整、胎儿不腐败。胎儿第四胃内、胎衣、胎液内均含有大量毛滴虫。由于流产胎儿太小，不易发现，三周后可以再发情，配种仍不受孕。

如死胎而未排出，则发生子宫积脓，病牛子宫内充满浓厚、无臭味、棕色至深棕色液体，内有滴虫，液体内可能有胎儿残体，也可能没有。

诊断：

根据流产和流行病学可以怀疑此病，但确诊须找到虫体。

母牛发生流产或死亡可以采取子宫内羊水、胎儿胸腹腔液和第四胃内容物，离心沉淀后取沉渣进行检查，检查活虫体可用悬滴或压滴标本，显微镜检查时视野要暗，如用暗视野显微镜检查更好，将虫体抹片干燥后，以甲醇固定，用姬母萨染色法染色，油镜检查。

胎儿毛滴虫可以人工培养、检查。

防治：

1. 杜绝奶牛本交，一律采用人工冷冻精液输精技术。

2. 用卢戈氏液（用碘片 1 克、碘化钾 2 克溶于 500 毫升蒸馏水中。配制时先溶碘化钾，后放碘片）或千分之一的雷佛努尔溶液冲洗子宫、阴道。使药液在生殖道中停留时间长一些，连续治疗 3 ~5 次。

3. 用 25% 的大蒜及葱的浸出滤液，可在 15 分钟内杀死人工培养的虫体。

1% 大蒜酒精浸液可使胎儿毛滴虫不能生存，并对黏膜无刺激性。用时要稀释。

4. 每隔 24 小时深部肌肉注射 15 ~ 30 克甲硝异丙咪一次，共治疗 3 次。因为甲硝异丙咪可被存在于包皮及阴道内的细球菌属等常在微生物灭活，所以在用甲硝异丙咪之前先进行几天全身性抗生素治疗，如注射长效四环素或青霉素等 2 ~ 3 天，先杀灭常在菌。

甲硝异丙咪酸性很强，对局部组织刺激性大，可选用甲硝唑静注。甲硝唑口服可以造成胃肠机能障碍，在应用甲硝唑类（灭滴灵）药物时要选择合适的时机并观察奶牛食欲变化，如有变化，停药即可恢复。

5. 中药治疗

蛇床子、百部、鹤虱 、大蒜（去皮）、甘草各五钱（16 克），加水一斤，煮三沸，用双层纱布滤过，待温灌入阴道，隔五天再照样用药一次，可防止复发。

6. 虫苗防治

美国科学家研制成功一种预防牛毛滴虫病的灭活牛毛滴虫

苗,在繁殖季节之前,用该苗接种奶牛和小母牛,间隔 2 ~4 周进行第二次接种。一般第二次接种应在分娩前 4 周进行。试验证明,该苗具有安全、有效、简便实用的优点,现已作为商品化疫苗出售。

第十三节 奶牛产后血红蛋白尿

奶牛产后很快发生血管内溶血,临床上出现贫血、血红蛋白尿。病程长,常伴发黄疸,见于高产奶牛产后,肉牛很少见。

病因:

主要是由于饲料中缺磷,或代谢过程中磷的吸收受阻,致奶牛在妊娠过程中出现磷的缺乏症。多喂十字花科植物易促进血红蛋白尿的发生,缺铜也可能引发血红蛋白尿。

流行病学:

世界各地均有发生。我国情况不太明确。犊牛血红蛋白尿症是水中毒,死亡率 50% 左右。

高产奶牛常在产后 2 ~4 周内发病。由于地方土壤缺磷,或旱年奶牛大量吃了油菜、芜菁、甜菜,易发生此病。

磷对血红细胞有坚固保护作用,当缺乏时红细胞破裂,发生溶血形成血红蛋白尿。

动物死亡的原因是大量溶血、组织缺氧、心力衰竭,死于窒息。

铜是红细胞的重要组成部分,缺乏时也会影响红细胞的正常生理状态,而发生溶血。

症状:

食欲减少或者不见明显减少，但身体衰弱，产奶量明显减少，出现血红蛋白尿。亚急性经过，症状不突出，很快发生脱水，可视黏膜苍白，心跳和静脉搏动很强，体温中等升高，呼吸浅短而快，胃肠蠕动弱，粪干燥。

急性病程 3～5 天，末期高度衰竭，倒地不起。因末梢循环障碍可见到尾尖、耳尖坏死。

康复需一周时间，而且会出现异食癖，还可能继发酮血症。

若出现一头缺磷性血红蛋白尿，意味着全群缺磷，查明情况，及时调整饲料，增加磷的供应量。缺磷幼畜生长发育不良。

实验室检查：

血磷降到 0.4～0.5 毫克/100 毫升（正常 4.0 毫克/100 毫升左右）。高产奶牛正常值在 3.0 毫克/100 毫升左右。红细胞中血红蛋白减少，在红细胞中出现汉氏小体。

血红素受氧化破坏变质，聚合血红素有反光性。在新鲜血片中出现血红蛋白尿，血铜、肝铜都低。

剖解：

见血液稀薄、黄染，肝肿大，脂肪浸润，并发生退行性变性。膀胱内有血红蛋白尿。

治疗：

1. 严重者输血，一次 5000 毫升，必要时重复输血。

2. 抢救晚期病牛疗效很差，心脏、组织发生缺氧，发生器质性变化，必要时重复输血。

3. 大量输葡萄糖作为支持疗法。

4. 常用 20% 磷酸二氢钠 300～400 毫升，静滴，隔 12 小时一次，连用 2～3 次；或磷酸二氢钾 25～30 克溶于水中灌服。不可使用磷酸氢二钠（钾）。

5. 维生素 $B_1$12 毫升,维生素 B_{12}5 毫升,加 10% 葡萄糖静脉给药。同时补、铁、钴等微量元素。

6. 饲喂骨肉粉、磷酸钙及其他补血剂。口服骨粉 50 克/次,一天两次,连服数日,直到症状明显好转。

预防:

1. 了解当地土壤磷含量。据此调整饲料中的含磷钙量,磷钙比例要按标准供给,如比例失衡影响吸收,虽然加磷也不能正常吸收。

2 高产奶牛产前适当补磷。

3. 限制喂甜菜、油菜、甘蓝等,有条件的可将这些菜青贮以后再喂,以减少其皂甙含量,采用含磷量较高的饲料如豆饼、麸皮、花生油饼等补磷。

第十四节　奶牛阴道和外阴肿瘤

青年和后备牛偶尔发现纤维乳头瘤,老年牛多患磷状细胞癌。

治疗:手术切除,冷冻破坏瘤基部。

纤维乳头瘤偶而会有一个非常厚而多血管基部,切除后会致大出血,止血困难。

磷状细胞癌用冷冻破坏法、射频烧灼法非常成功,也可用连续注射卡介苗治疗该病。

子宫肿瘤常见淋巴肉瘤,一般在 6 个月内死于多发病,如已建立诊断,应及时淘汰。

后 记

进入21世纪,我国的奶牛养殖业和乳业发生了根本性变化。以内蒙古自治区土默特右旗为例,1998年全旗仅有不足千头奶牛,一家民营乳品厂。从2001年开始,不到三年时间,全旗黑白花奶牛猛增至十几万头。发展速度惊人,形势更逼人。

这么多奶牛怎么养?病了谁来治?挤下奶卖给谁?一连串的问题摆在政府、农民、技术人员面前。

在这种形势下,我受该旗农牧局和几个乡镇的邀请,先是走村入户、办学习班,讲授奶牛饲养管理的知识与技术,积极诊治奶牛疾病。高产奶牛病多病杂,对从未见过高产奶牛的农民更是一大难题。在这种情况下,政府又聘我在党校中专班讲课,在广播电台讲了三年奶牛饲养管理技术与奶牛常见病防治。

据农民反映:"你讲的知识,记不住,用不上,最好再编成书,给我们发下来,遇到问题有查找处。"为了满足奶农的需要,我在已有讲案的基础上,搜集整理了更多、更新、更全面的相关资料,翻阅了多种相关技术书籍,结合自己几十年养牛治病的经验,着手编著本丛书。

奶牛养殖与医疗是科技工作,有很强的科学性与实用性。科技在不断进步,我们为奶农或规模奶牛养殖企业提供的资料与技术必须是最新的知识和技术。当然成熟可靠的理论与知识还必须能应用于实践，二者不可偏废。新技术是在旧技术的基础上发展形成的。

本丛书的编写过程也是见证我区奶牛养殖发展的过程。奶牛养殖业由分散向集中规模化发展，要求的相关内容不只是助产、剥胎衣等一般性的知识，还包括规模化奶牛场的建设、管理、经营、疫病控制技术和无公害奶牛生产技术发展。这就要求在总结经验的基础上，不断增加新内容、新资料，适应新形势，以提高时效性与实用性。

本书内容繁简有序，有的问题叙述得较细，从理论到实用技术，内容全面而深入；有的问题如不常见的奶牛疾病等则简明扼要。每册都有一个重点。

本丛书参考、吸收了多种专业书籍、文献的内容，集中了许多人的智慧与劳动成果，也受到同行的鼓励与帮助，在此一并致谢！

本丛书的出版，得到内蒙古人民出版社的大力支持，在此表示由衷地感谢！

由于我们才疏学浅，错谬之处在所难免，恳望同行及读者不吝赐教，给予批评、指正，以便再版时修正。

作者

2014 年 10 月

主要参考书目

1.《牛病学》,李培元等编,吉林人民出版社,1982 年出版

2.《畜牧业经营管理》,中央农业广播电视学校教材,2003 年出版

3.《奶牛乳房炎与日粮营养》,李振编,山东临沂师范学院,2005 年出版

4.《奶牛高效饲养新技术》,徐照雪、薛允平编

5.《奶牛全混合日粮(TMR)生产技术规范与饲养工艺》刘亚男编,中国奶牛,2007 年出版

6.《养牛学》,陆跃辉编,职业中学校教材

7.《无公害奶牛标准化饲喂技术》,中国农业部部颁

8.《高产奶牛饲养管理规范》,中国农业部

9.《内蒙古农牧业技术推广与应用》,内蒙古农牧业厅科教处,2012 年出版

10.《家畜内科学》,西北农业大学编,农业出版社,1986 年出版

11.《中兽医学》(内部试用),华北农业大学,中国人民解放军兽医大学,1975 年出版

12.《家畜病理学》,内蒙古农牧学院主编,农业出版社,1984 年出版

13.《家畜传染病学》,(匈)胡体拉著,盛彤笙译,科学出版社,1964 年出版

14.《家畜育种学》,内蒙古农牧学院,农业出版社,1980 年出版

15.《家畜环境卫生学》,东北农业学院,农业出版社,1983 年出版

16.《实用抗菌素学》,戴自英主编,上海人民出版社,1977 年出版

17.《家畜寄生虫学》,南京农学院,上海科技出版社,1981 年出版

18.《家畜寄生虫图谱》,邱汉辉编,江苏科学技术出版社,1983 年出版

19.《兽医微生物学》,甘肃农业大学

20.《家畜寄生虫与侵袭病学》,北京农业大学主编,农业出版社,1962 年出版

21.《家畜产科学》,甘肃农业大学,农业出版社,1980 年出版

22.《家畜解剖学》,(英)赛普提摩斯,谢逊著,张鹤宇等译,科学出版社,1972 年出版

23.《家畜生理学》,(美)M·J 斯文森主编,华北农业大学译,科学出版社,1978 年出版

24.《兽医药理学》,华南农业学院,农业出版社,1988 年出版

25.《家畜传染病学》,南京农学院主编,上海科学出版社,1981 年出版

26.《中华人民共和国药典》(中草药及其制品),1977 年出版

27.《家畜饲养》,王文元等编,内蒙古人民出版社,1999 年出版

28.《中兽医治疗学》,中国农业科学院,1962 年出版

29.《中国兽药标准汇编》,2012 年出版

30.《元亨疗马集》

31.《中药方剂学》,聂富成编,1993 年出版

32.《现代乳牛学》,邱怀主编,2003 年出版

33.《实施奶牛场良好农业规范》,李栋等编

34.《中国畜牧业年鉴》,2010 年出版

35.《奶牛营养需要》,美国 NRC2002 年版,中国饲料工业协会译

36.《配合饲料大全》,李复兴编

37.《中国饲料成分及价值表》

38.《NY/T34 -2004 奶牛饲养标准》

39.《中国乳业》,中国农科院文献信息中心,农业部情报所

40.《中国奶牛》,中国奶业协会,双月刊

41.《饲料博览》,黑龙江省饲料工业协会,东北农业大学,1988 创刊

42.《当代畜禽养殖业》,内蒙古畜牧业杂志社,多期

43.《中国畜牧杂志》,中国畜牧兽医学会

44.《中国兽医杂志》,中国畜牧兽医学会,中国农业大学出版

45.《兽医导刊》,中国动物预防控制中心等单位,多期

46.《现代奶牛养殖综合技术》,熊家军等编著,2011 年出版

47.《奶牛繁育技术手册》,王洪忠主编,内蒙古人民出版社,2005 年出版

48.《奶牛养殖手册》,王洪忠主编,远方出版社,2004 年出版

49.《动物防疫人员培训指南》,郝斗林主编,远方出版社,1999 年出版

50.《实用奶牛疾病学》,巴开明主编,内蒙古人民出版社,2002 年出版

51.《家畜内科学》,(匈)胡体拉等著,科学出版社,1965 年出版

52.《家畜外科学》,北京农业大学编,农业出版社,1988 年出版

53.《动物遗传学》,北京农业大学编,农业出版社,1988 年出版

54.《兽医临床诊断学》,东北农业大学编,农业出版社,1988 年出版

55.《中国奶牛》,易明梅著,上海交通大学,2007 年出版

56.《企业财务管理》,天津财经大学,2011 年出版

57.《执业兽医资格考试应试指南》,中国兽医协会组织编,中国农业出版社 2014 年 4 月出版